Python
在结构动力计算中的应用

龙晓鸿　古效朋　卢春德　苗　雨 ｜ 编著

中国建筑工业出版社

图书在版编目（CIP）数据

Python 在结构动力计算中的应用 / 龙晓鸿等编著
. — 北京：中国建筑工业出版社，2024.3
ISBN 978-7-112-29628-6

Ⅰ. ①P… Ⅱ. ①龙… Ⅲ. ①程序语言 - 程序设计 -
应用 - 结构动力学 - 计算 Ⅳ. ①O342-39

中国国家版本馆 CIP 数据核字（2024）第 040902 号

本书以结构动力学基本理论为基础，以 Python 语言编程为手段，系统介绍了 Python 在结构动力计算中的实现与应用，主要内容包括：Python 语言简介、Python 语法及相关库、结构运动方程的建立、结构动力特性计算、振型分解法求解结构动力反应、时程分析法求解结构动力反应、Python 在结构参数化建模中的应用和智能算法在结构动力计算中的应用。各主要章节均给出了简要原理公式、程序代码实现和具体算例验证。这些都为读者深入理解结构动力学原理和掌握其实施技巧提供了极好的手段。

本书可作为普通高等学校土木工程、智能建造、水利工程等专业的本科生和研究生教材，也可作为从事结构设计的工程师和相关专业的科研人员学习和应用 Python 解决结构动力学问题的参考书。

责任编辑：刘瑞霞 梁瀛元
文字编辑：冯天任
责任校对：赵 力

Python 在结构动力计算中的应用

龙晓鸿 古效朋 卢春德 苗 雨 编著

*

中国建筑工业出版社出版、发行（北京海淀三里河路 9 号）
各地新华书店、建筑书店经销
国排高科（北京）信息技术有限公司制版
建工社（河北）印刷有限公司印刷

*

开本：787 毫米×1092 毫米 1/16 印张：12¼ 字数：303 千字
2024 年 3 月第一版 2024 年 3 月第一次印刷
定价：68.00 元
ISBN 978-7-112-29628-6
（42184）

前 言
FOREWORD

结构动力学基本理论是从事有关结构动力分析、设计与研究的基础。学过结构动力学课程的朋友想必都有一个相同的感受：理解难、实现难和应用难。面对这"三难"，本书基于目前流行的 Python 语言平台，充分利用其便捷与开源两大优势，采用基本原理和程序实现相结合的方式，以增加读者的感性认识，更好地理解结构动力学的基本理论和计算方法。本书的一大特色就是：利用 Python 第三方库进行人工智能模型的搭建，并将其应用在实际工程结构动力计算中。

全书共 8 章，第 1 章为 Python 语言简介；第 2 章介绍 Python 语法及相关库；第 3 章为结构运动方程的建立，包括质量矩阵、刚度矩阵、阻尼矩阵和外荷载引起的节点力向量的形成过程；第 4 章为结构动力特性计算，如 Rayleigh 法、Rayleigh-Ritz 法、荷载相关的 Ritz 向量法、矩阵迭代法、子空间迭代法、Lanczos 法、Dunkerley 法和 Jacobi 迭代法；第 5 章介绍振型分解法求解结构动力反应，包括实模态振型分解法、复模态振型分解法、弹性地震反应谱以及振型分解反应谱法；第 6 章为时程分析法求解结构动力反应，介绍 Duhamel 积分法和几种常见的逐步积分法，用其求解结构的线性、非线性动力反应；第 7 章利用 ABAQUS、ANSYS 和 YJK 软件与 Python 的编程接口，实现结构参数化建模；第 8 章介绍以机器学习、神经网络、深度学习为代表的新一代智能计算方法在结构动力计算中的应用，并给出具体工程实例。

本书中的所有程序和例题均在 Python（3.8.16 版本）下调试成功，相应的源代码可扫描本书封面上的二维码获取，或在 Github 上搜索 StructuralDynamic-Py 下载。

本书得到了华中科技大学研究生院教材出版基金的资助，也得到了华中科技大学土木与水利工程学院的大力支持。承蒙日本工程院院士日本名城大学葛汉彬教授、浙江大学黄铭枫教授、华中科技大学樊剑教授详细审阅了初稿，并提出了宝贵的修改意见，在此致以衷心的感谢！

由于编者水平有限，时间仓促，书中难免还会存在缺点甚至错误，敬请各位专家和读者批评指正。

作者
2023 年 6 月

▶ 目 录

CONTENTS

第1章　Python 语言简介 001

  1.1　Python 语言 ·· 001

  1.2　编译环境的安装与使用 ································ 002

第2章　Python 语法及相关库 008

  2.1　Python 语法 ·· 008

  2.2　第三方库的安装 ·· 012

  2.3　numpy 库 ·· 012

  2.4　matplotlib 库 ·· 016

  2.5　scipy 库 ··· 019

  2.6　sympy 库 ·· 021

  2.7　TensorFlow 库 ·· 023

  2.8　PyTorch 库 ·· 027

第3章　结构运动方程的建立 029

  3.1　动力计算的特点 ·· 029

  3.2　运动方程的建立方法 ····································· 030

  3.3　结构的单元矩阵 ·· 032

  3.4　等效节点荷载 ·· 046

第4章　结构动力特性计算 049

  4.1　Rayleigh 法 ··· 049

  4.2　Rayleigh-Ritz 法 ··· 051

  4.3　荷载相关的 Ritz 向量法 ································· 053

  4.4　矩阵迭代法 ··· 056

4.5　子空间迭代法 ……………………………………………… 059

4.6　Lanczos 方法 ………………………………………………… 061

4.7　Dunkerley 方法 ……………………………………………… 063

4.8　Jacobi 迭代法 ………………………………………………… 064

第 5 章　振型分解法求解结构动力反应　　　　　　　　　　067

5.1　实模态振型分解法 …………………………………………… 067

5.2　复模态振型分解法 …………………………………………… 074

5.3　弹性地震反应谱 ……………………………………………… 079

5.4　振型分解反应谱法 …………………………………………… 085

第 6 章　时程分析法求解结构动力反应　　　　　　　　　　092

6.1　结构线性动力计算 …………………………………………… 092

6.2　结构非线性动力计算 ………………………………………… 109

第 7 章　Python 在结构参数化建模中的应用　　　　　　　132

7.1　Python 在 ABAQUS 中的应用 ……………………………… 132

7.2　Python 在 ANSYS 中的应用 ………………………………… 140

7.3　Python 在 YJK 中的应用 …………………………………… 142

7.4　ChatGPT 指导建模 ………………………………………… 145

第 8 章　智能算法在结构动力计算中的应用　　　　　　　149

8.1　智能算法模型介绍 …………………………………………… 149

8.2　智能算法计算流程图 ………………………………………… 158

8.3　基于机器学习的输电线路脱冰跳跃高度预测 ……………… 163

8.4　基于深度学习的桥梁结构地震响应预测 …………………… 171

8.5　基于 CNN 的框架剪力墙结构层间位移角预测 …………… 177

附录一　本书编写的自定义 Python 函数（类）　　　　　　182

附录二　本书使用的 Python 符号与保留字　　　　　　　　184

附录三　本书使用的 Python 内置函数或第三方库函数　　　185

参考文献　　　　　　　　　　　　　　　　　　　　　　187

《第 1 章》

Python 语言简介

1.1 Python 语言

1.1.1 发展历史

计算机编程语言经历了从机器码、汇编语言到高级编程语言的发展。最初的机器码只由 0 和 1 组成，机器处理起来十分迅速，但不方便人类理解和使用。直到 1956 年，Fortran 语言的诞生标志着便于人类理解的高级编程语言开始蓬勃发展。于 1982 年从阿姆斯特丹大学取得了数学和计算机硕士学位的 Guido van Rossum 是一位计算机行业的翘楚。他精通 C 语言编程，但面对 C 语言复杂的语法和庞杂的体系，他仍然不时捉襟见肘。于是，构思一门方便人类理解和使用的计算机语言成为了 Guido 的内心追求。

1989 年 12 月，为了打发无聊的圣诞节假期，Guido 使用 C 语言作为内核，开发了 Python 的第一个版本。早期版本的 Python 并不完善，但其语法风格却一直体现着 Guido 便捷的思想。经过四年的修改与迭代，1994 年 1 月，Python1.0 版本正式发布，这个版本的主要功能是 lambda、map、filter 和 reduce。六年半后的 2000 年 10 月，Python2.0 发布了，在这个版本中，开发流程的改变使得 Python 拥有了一个更加透明的社区。今天的 Python 已经进入 3.0 时代，Python 的社区也在蓬勃发展。当我们在编程中遇到一个有关 Python 的问题时，几乎总有人已经遇到这个问题并将该问题的解决方法发布在了网络上。可以说，Python 从诞生开始就拥有便捷与开源两大优势。

1.1.2 语言特点

如今的 Python 语言具有以下几个明显的特点：

1）简单易学

Python 自诞生之初就把简便性作为其编程要求，Python 的语法非常简洁，代码量少，非常容易编写，通常 C++需要几十行才能实现的功能，Python 只需要几行就可以实现。

2）功能强大

Python 的功能强大主要体现在以下几点

（1）跨平台：支持 Windows、Linux、MAC 等主流操作系统。

（2）可移植：Python 代码不经过或经过少量改动即可以在不同的平台上编译执行。

（3）可扩展：Python 基于 C 语言编写而成，可以在 Python 中嵌入 C 代码，或者使用 C 代码覆写 Python 语言模块，从根本上改写 Python。

（4）交互式：Python 提供了交互式代码编程，可以直接从终端输入执行代码并获得结果。

（5）解释性：Python 是一门解释性语言，而非编译性语言，局部的错误在某种程度上不影响整体代码的运行。

（6）面向对象：Python 语言具有强大的面向对象功能，支持基于类与对象的程序开发。

3）大量的标准库与第三方库

Python 作为一门开源的编程语言，具有十分丰富的标准库与第三方库。其标准库涵盖了操作系统、计算机网络、文件管理、GUI 模块、数据库、文本处理等，随 Python 解释器直接安装，各平台通用。

Python 的第三方库管理单位 PYPI 收录了超过 45 万个开源项目和 800 多万个开源文件（截至 2023 年 5 月），这些项目和文件都可以使用 Python 内置的 Pip 库进行安装和使用。近几年，anaconda 的解决方案更是进一步提供了有关科学计算的权威第三方库，极大地方便了科研人员的使用。

1.2　编译环境的安装与使用

Python 的编辑器有很多种：轻量级的 IDLE、集成开发环境 PyCharm、Visual Studio 等。我们这里主要介绍 Python 自带的轻量级 IDLE 和专业 Python 开发工具 PyCharm，并介绍科学计算 Python 开发环境 anaconda。

1.2.1　IDLE

IDLE 是 Python 自带的默认编辑器，其安装方式也十分简单。如图 1-1 所示，登录 https://www.python.org/，在 Downloads 一栏中选择自己所需要的版本下载安装即可。

图 1-1　Python 安装界面

安装完成之后，打开 IDLE 的界面如图 1-2 所示。

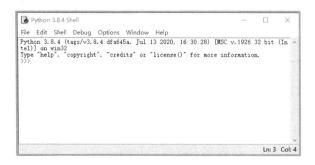

图 1-2　Python 中的 IDLE 界面

1.2.2　anaconda

anaconda 是一个专门为了方便使用 Python 进行科学计算而建立的一个包管理工具，它基本涵盖了常见科学计算领域所有需要的 Python 库。并且依赖于自带的 conda 包管理系统，解决了 Python 包的环境依赖问题，这使得我们可以使用 conda 命令行很轻松地管理和使用 Python 第三方库。

1）下载安装

首先，到 anaconda 官网：https://www.anaconda.com/下载 anaconda 安装包，然后等待安装完成，这个过程请牢记自己的 anaconda 安装路径，在之后手动配置 conda 的环境变量时将会使用到。

2）配置环境变量

接下来需要配置 conda 的环境变量，操作步骤如下：

（1）双击"此电脑"→空白处右击→点击"属性"，进入系统控制面板，如图 1-3 所示。

图 1-3　系统控制面板

（2）点击"高级系统设置"→点击"高级"→点击"环境变量"，如图 1-4 所示。

图 1-4　高级系统设置

（3）在系统变量中找到 Path，选中后点击"编辑"，如图 1-5 所示。

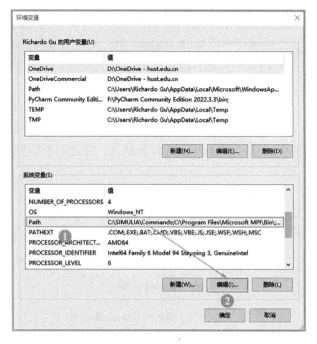

图 1-5　系统变量

（4）在菜单中添加以下 4 行，如图 1-6 所示。

图 1-6　编辑环境变量

这 4 行分别是：

```
C:\ProgramData\Anaconda3
C:\ProgramData\Anaconda3\Library\bin
C:\ProgramData\Anaconda3\Library\mingw-w64
C:\ProgramData\Anaconda3\Scripts
```

其中 C:\ProgramData\Anaconda3\是 anaconda 的安装路径，该安装路径可以有所不同，剩下的三个分别是该安装路径下的 Library\bin 文件夹、Library\mingw-w64 文件夹和 Scripts 文件夹。

（5）依次确定，应用后退出。

最后使用 win + R 组合键，输入 cmd 后回车，打开 cmd 命令行，输入"activate"，回车后在提示符前出现"（base）"标识，则说明 anaconda 安装成功。

3）管理虚拟环境

接下来介绍如何使用 anaconda 创建和管理虚拟环境，因为使用命令行管理虚拟环境方便快捷，以下的所有操作均是基于命令行来完成的，所以在执行本节中的代码时，请在 cmd 命令行中执行。

（1）创建环境

使用以下命令可以创建虚拟环境：

```
conda create -n 虚拟环境名称 python=python 版本号
```

以下代码创建了一个名为 py3.8-gpu 的虚拟环境，本书中所有代码所使用的虚拟环境也为该环境。

```
conda create -n py3.8-gpu python=python3.8
```

（2）查看已有环境

使用以下命令可以查看当前所安装的虚拟环境：

```
conda env list
```

执行之后得到以下输出：

```
# conda environments:
#
base                  *  C:\ProgramData\Anaconda3
py3.8-gpu                C:\ProgramData\Anaconda3\envs\py3.8-gpu
```

可以看到刚刚安装成功的虚拟环境 py3.8-gpu 和其所在位置。

（3）移除虚拟环境

使用以下命令可以移除指定虚拟环境：

```
conda remove -n 虚拟环境名称 --all
```

1.2.3　PyCharm

PyCharm 是一个集成式的 Python 开发环境，带有一整套可以帮助用户在使用 Python 语言开发时提高效率的工具，比如调试、语法高亮、项目管理、代码跳转、智能提示、代

、2、2

码补全、单元测试、版本控制等。PyCharm 官网提供了专业版和社区版两种版本，其中专业版需要收费，社区版支持免费使用，下载界面如图 1-7 所示。

图 1-7　PyCharm 下载界面

在 https://www.jetbrains.com/PyCharm/上点击下载按钮，下载 PyCharm 安装包后执行安装，等待安装成功即可。安装完成后打开 PyCharm 如图 1-8 所示。

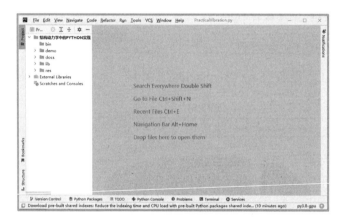

图 1-8　PyCharm 程序界面

安装完成之后，我们需要将已经安装好的anaconda环境导入到PyCharm中，作为Python解释器使用，步骤如下：

（1）点击"File"→点击"Settings"，如图 1-9 所示。

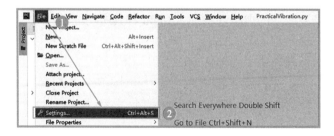

图 1-9　Settings 界面

（2）点击 Python 文件名→点击"Python Interpreter"，如图 1-10 所示。

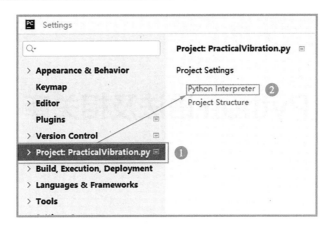

图 1-10　Python Interpreter 界面

（3）点击"Add Interpreter"→点击"Add Local Interpreter"，如图 1-11 所示。

图 1-11　Add Local Interpreter 界面

（4）点击"Conda Environment"→点击小文件夹图标→选择加载 anaconda 安装目录下的_conda.exe 文件（路径是 anaconda 安装路径后加_conda.exe 即可），如图 1-12 所示。

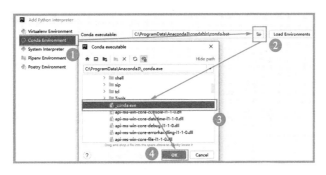

图 1-12　anaconda 安装路径

（5）点击"Load Environments"→点击"Use existing environment"旁边的选择框，选择已经存在的虚拟环境→点击"OK"，如图 1-13 所示。

图 1-13　Load Environments 界面

通过上述操作，基于 PyCharm + anaconda 的工作环境就配置完成了。

《第 2 章》

Python 语法及相关库

2.1　Python 语法

2.1.1　数据类型

Python 中的基本数据类型有五大类：数字（Number）、字符串（String）、列表（List）、元组（Tuple）、字典（Dictionary）。在进行数据赋值时不需要提前声明数据类型，直接使用等号（＝）赋值即可，Python 解释器会在程序执行过程中动态地对数据进行赋值。以下是这些数据类型的使用范例。

（1）数字

数字类型的数据可以更详细地分为三种不同的类型：int（有符号整型）、float（浮点型）、complex（复数）。

```
a = 10
b = 10.0
c = complex(10, 10)
print(a, type(a))
print(b, type(b))
print(c, type(c))
```

上述代码给出了三种数字类型的创建方式。运行以上代码后，程序得到如下输出：

```
10 <class 'int'>
10.0 <class 'float'>
(10+10j) <class 'complex'>
```

其中 a 为 int 类型的数据，b 为 float 类型的数据，c 为 complex 类型的数据。

（2）字符串

字符串是由数字、字母、下划线、特殊符号等组成的一串字符，在 Python 中通常为表示文本的数据类型。

```
s = "Welcome to dynpy"
print(s)
print(s[0:7])
print(s[::-1])
```

上述代码给出了字符串的一些基本用法。字符串使用双引号进行创建，双引号内的字符被算为字符串的一部分；可以使用 print 函数进行打印；可以使用切片方法进行切片操作。运行以上代码后，程序得到如下输出：

```
Welcome to dynpy
Welcome
ypnyd ot emocleW
```

（3）列表

列表是被组织起来的一组有序数据的集合，借助于列表可以完成大部分数据结构的实现。列表的元素支持任意 Python 数据类型，使用"[ ]"作为标识。

```
l = [1, "welcome", [1, "welcome"], (1, 2), {1: "welcome"}]
print(l)
print(type(l))
print(l[2])
print(l[1:3])
```

上述代码给出了列表的一些基本用法。列表采用"[ ]"进行创建，列表元素的数据类型没有限制；可以使用 print 函数打印列表内容；可以使用"[ ]"符号索引列表元素；可以使用切片方法进行列表切片操作。运行以上代码后，程序得到如下输出：

```
[1, 'welcome', [1, 'welcome'], (1, 2), {1: 'welcome'}]
<class 'list'>
[1, 'welcome']
['welcome', [1, 'welcome']]
```

（4）元组

元组类型使用"()"进行标识，内部元素使用","隔开。元组与列表是非常相似的两种数据类型，它们的区别在于，列表可以二次赋值，但是元组类型不可以，元组相当于只读类型的列表。

```
t = (1, "welcome", [1, "welcome"], (1, 2), {1: "welcome"})
print(t)
print(type(t))
print(t[1])
```

上述代码给出了元组的一些基本用法。可以看到，元组类型的基本用法与列表类型基本一致。运行以上代码后，程序得到如下输出：

```
(1, 'welcome', [1, 'welcome'], (1, 2), {1: 'welcome'})
<class 'tuple'>
welcome
```

（5）字典

字典类型与列表类型也十分相似，两者的区别在于，列表是有序对象的集合，而字典是无序对象的集合。字典中的元素通过键来存取，而不能通过偏移来存取。字典用"{ }"标识，由索引（key）和它对应的值（value）组成。

```
d = {1: "number",
    "dynpy": "string"}
print(d)
print(type(d))
print(d["dynpy"])
```

上述代码给出了字典的基本用法。字典通过"{ }"创建，":"前为字典的 key，":"后为字典的 value；字典可以使用 print 进行打印；使用"[ ]"进行取值操作，"[ ]"中输入的值为需要查找的 key，字典就会返回该 key 对应的 value。需要注意的是，字典作为无序对象的集合，不能进行切片操作。运行以上代码后，程序得到如下输出：

```
{1: 'number', 'dynpy': 'string'}
<class 'dict'>
string
```

2.1.2　条件分支

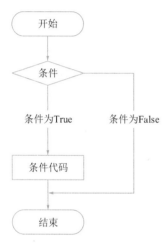

图 2-1　条件分支语句基本流程

Python 的条件分支语句是通过一条或者多条语句的执行结果来执行的代码块。其基本流程可以简化为图 2-1 所示。

Python 使用缩进来指示代码块，当一段代码具有相同的缩进时，则表明该段代码属于一个代码块。常用的缩进方式是 TAB 键，部分编辑器支持空格和 TAB 键混用。

Python 的分支语句中，指定任何非 0 和非空值为 True，0 或者空值 null 为 False。Python 使用 if-elif-else 三个保留字来指示分支条件，if 后面的语句为 True 时则执行后续代码块，否则进入下一个判断。elif 表示另一个判断条件，其用法与 if 基本相同，但 elif 必须跟在 if 后面，不能单独出现。else 表示当前面的所有条件不成立时，执行后续代码块。

```
a = "dynpy"
if a == "dynpy":
    print(1)
else:
    print(0)
```

上述代码块执行后，程序得到如下输出：

```
1
```

2.1.3　循环

Python 中有两种循环方式：while 和 for。

（1）while

while 语句后跟随一个条件判断语句，当其为 True 时，执行 while 后的代码块，当其为 False 时，跳过 while 代码块，执行后续代码块。

```
a = 1
while a < 5:
    print(a)
    a += 1
print(a)
```

运行以上代码后，程序得到如下输出：

```
1
2
3
4
5
```

（2）for

for 可以遍历任意具有序列特征的项目，其最为经典的使用方法就是与 range 联合使用。

```
for i in range(5):

    print(i)
```

运行以上代码后，程序得到如下输出：

```
0
1
2
3
4
```

（3）continue 与 break

Python 有两种不等待循环完成就跳出循环的方式：continue 和 break，continue 表示跳过执行当先循环中 continue 以下的部分代码，继续执行下一轮循环；break 表示直接跳出当前循环。

```
a = 0
while True:
    a += 1
    if a == 3:
        continue
    elif a > 5:
        break
    print(a)
```

运行以上代码后，程序得到如下输出：

```
1
2
4
5
```

2.1.4 函数

函数是组织好的、可重复使用的、用来实现单一或相关联功能的代码段。Python 中的函数使用"def"表示，后接函数标识符名称和圆括号"()"；传入的参数和自变量放在括号中，圆括号之间可以用于定义参数；函数以冒号开始，并且缩进；"return"表示结束函数，选择性地返回一个或多个值给函数调用方，不带表达式的"return"等于返回 None。

```
def add(a, b):
    return a + b


print(add(1, 2))
```

运行以上代码后，程序得到如下输出：

3

掌握了上述基本操作，基本可以看懂稍微复杂的代码，书写简单的程序。但是 Python 中的语法远远不止这些，本书因为篇幅限制不再过多阐述。如果读者有兴趣，可以去 Python 的社区中寻找感兴趣或需要使用的操作方法。

2.2　第三方库的安装

2.2.1　pip 命令

为了方便第三方库的使用，Python 官方提供了第三方库的安装方法。当 Python 的环境变量配置正常时，可以在 cmd 命令行中直接使用 pip 方法下载安装第三方库。

接下来以 numpy 库的安装过程为例，介绍使用 pip 安装第三方库的过程。

在 cmd 命令行中输入以下命令：

```
pip install numpy
```

单击回车，随后等待安装完成即可，以下是安装过程的一个示例。

```
(py3.8) C:\WINDOWS\system32>pip install numpy
Collecting numpy
Downloading numpy-1.24.1-cp38-cp38-win_amd64.whl (14.9 MB)
----------------------------------------14.9/14.9 MB 149.0 kB/s eta 0:00:00
Installing collected packages: numpy
Successfully installed numpy-1.24.1
```

上述代码在执行后，在名为 py3.8 的 Python 虚拟环境搜索并安装了 1.24.1 版本的 numpy，出现 Successfully installed 提示后即表示安装成功。

2.2.2　conda install 命令

anaconda 为用户提供了非常完善的版本管理功能，用户不再需要自行考虑相关第三方库的依赖关系。可以使用以下方法使用 conda install 功能。

```
conda install numpy
```

相对而言，基于 anaconda 提供的便捷功能，本书并不推荐使用 pip 安装第三方库，而是推荐使用 conda install。

2.3　numpy 库

2.3.1　简介与安装

numpy（Numerical Python）库作为 Python 中极为重要的科学计算库和程序扩展库，在很多科学计算领域发挥了重要的作用。它支持大维度的数组和矩阵运算，也针对数组的运算提供了大量的数学函数。

numpy 库有以下几点优势：

（1）相比于 Python 本身所带的列表数据类型，numpy 所具有的 ndarray 数据类型具有更高效的运算效率，可以支持大规模的矩阵计算。

（2）具有比较成熟的广播函数库。广播机制使得在进行编写代码的时候，采用常规的书写形式就可以得到矩阵的运算结果。

（3）具有用于整合 C++代码与 Fortran 代码的程序包。

（4）封装了各种实用的线性代数运算以及包括傅里叶变换在内的各种高级函数。

安装 numpy 库有多种方法，这里主要介绍命令行安装的方法，因为命令行安装相对其他方法而言更加简单高效。在 Python 环境安装好之后，在 cmd 命令行中输入以下命令。

```
conda install numpy
```

单击回车，随后等待安装完成即可，安装成功后，只需要在程序中添加以下代码即可调用 numpy 库。

```
import numpy
```

一般将其重命名为 np，即

```
import numpy as np
```

2.3.2　主要功能介绍

（1）矩阵与数组创建

使用 numpy 创建一个矩阵有多种方法，下面以 zeros 方法为例。

```
a = np.zeros((3,3))
print(a)
```

运行以上代码后，程序得到如下输出：

```
[[0. 0. 0.]
 [0. 0. 0.]
 [0. 0. 0.]]
```

除此之外，还有很多可以创建数组的函数，详细信息见表 2-1。

常用数组函数

表 2-1

函数名称	函数效果
zeros((x, y))	创建 x 行、y 列的全 0 数组
ones((x, y))	创建 x 行、y 列的全 1 数组
empty((x, y))	创建 x 行、y 列的空数组，不进行数组元素初始化
arrange(start, end, step)	创建一个从 start 开始，至 end 结束，步长为 step 的一维数组
linespace(start, end, num)	创建一个从 start 开始，至 end 结束，个数为 num 的一维数组
random((start, end))	创建一个范围从 start 开始，至 end 结束的随机数数组

（2）形状操作函数

numpy 给出了对数组形状进行操作的函数，其中本书用到最多的函数是 reshape 函数，该函数的作用是基于现有的数组和指定的形状生成新数组。

```
a = np.zeros((2, 3))
print("原数组:\n", a)
a = a.reshape(3, 2)
print("第一次变换形状:\n", a)
a = a.reshape(6, -1)
print("第二次变换形状:\n", a)
```

运行以上代码后，程序得到如下输出：

```
原数组:
 [[0. 0. 0.]
 [0. 0. 0.]]
第一次变换形状:
 [[0. 0.]
 [0. 0.]
 [0. 0.]]
第二次变换形状:
 [[0.]
 [0.]
 [0.]
 [0.]
 [0.]
 [0.]]
```

reshape 函数的第 n 个参数所代表的含义为数组第 n 维度的元素个数。在以上的例子中，将尺寸为 2×3 的数组用 reshape 函数修改成了尺寸为 3×2 的数组。reshape 函数中，如果某一个参数的值为 -1，则代表该维度的元素个数由系统自行推定。需要注意的是，数组尺寸修改的过程并不会改变元素的相对位置。

（3）元素的访问

在 numpy 中访问元素采用方括号的方式。

```
a = np.linespace(1, 9, 9)
a = a.reshape(3, 3)
print(a[1])
print(a[1][1])
```

运行以上代码后，程序得到如下输出：

```
[4. 5. 6.]
5.0
```

以上代码中，采用 a[1] 的方式访问了数组的第 2 个元素，采用 a[1][1] 的方式访问了数组的第 2 行第 2 列元素。

（4）数学函数

numpy 中内置了许多数学函数，这里举几个本书中常用到的例子。

```
a = np.array([[-3, 3, 2], [-7, 6, -3], [1, -1, 2]])
b = np.array([1, 2, 3])
np.set_printoptions(precision=3, suppress=True)  # 设置矩阵输出格式
```

```
print("a 矩阵为:\n", a)
print("a 矩阵元素之和为:", sum(a))
print("a 矩阵的转置为:\n", np.transpose(a))
print("a 矩阵与 b 矩阵的乘积为:\n", np.matmul(a, b))
print("a 矩阵的逆为:\n", np.linalg.inv(a))
```

运行以上代码后，程序得到如下输出：

```
a 矩阵为:
[[-3  3  2]
 [-7  6 -3]
 [ 1 -1  2]]
a 矩阵元素之和为: [-9  8  1]
a 矩阵的转置为:
[[-3 -7  1]
 [ 3  6 -1]
 [ 2 -3  2]]
a 矩阵与 b 矩阵的乘积为:
[ 9 -4  5]
a 矩阵的逆为:
[[ 1.125 -1.  -2.625]
 [ 1.375 -1.  -2.875]
 [ 0.125  0.   0.375]]
```

上述代码创建了一个 3×3 的矩阵 a，一个 1×3 的矩阵 b。使用 sum 函数计算了矩阵 a 所有元素之和；使用 np.transpose 函数计算了矩阵 a 的转置；使用 np.matmul 函数计算了矩阵 a 与矩阵 b 的乘积；使用 np.linalg.inv 函数计算了矩阵 a 的逆矩阵。需要注意的是，这里在进行矩阵相乘时，matmul 函数会自动按照矩阵乘法的规则为不符合计算规则的数组进行尺寸变换，且不改变原数组的尺寸。例如上述例子中，数组 b 是一个 1×3 的数组，原本不能和 3×3 的数组相乘，但 matmul 函数会自动修改数组 b 的尺寸，使之可以相乘。在实际编程的过程中，强烈建议读者不要过分依赖于 matmul 的尺寸自动适应功能，而是尽可能地将需要相乘的数组尺寸标准化，避免不必要的麻烦。

除此之外，还有许多数组计算的函数，详细信息见表 2-2。

其他常见数组函数　　　　　　　　　　　　　　　　表 2-2

函数名称	函数效果
abs(x)	计算数组 x 各元素的绝对值
sqrt(x)	计算数组 x 各元素的平方根
square(x)	计算数组 x 各元素的平方
exp(x)	计算数组 x 各元素以 e 为底的幂
cos(x)，cosh(x)，sin(x)，sinh(x)等	计算数组 x 各元素的三角函数
pi	numpy 中定义的常量，代表圆周率
add(x, y)	数组 x 与数组 y 对应元素相加
substract(x, y)	数组 x 与数组 y 对应元素相减

续表

函数名称	函数效果
matrix(x)	将数组x转换为严格的矩阵类型
linalg. det(x)	计算矩阵x的行列式
x. T	返回矩阵x的转置
matmul(x, y)	计算矩阵x与矩阵y的矩阵乘法
linalg. inv(x)	计算矩阵x的逆
linalg. pinv(x, rcond)	计算矩阵x的广义逆，rcond 为误差值
w, v = linalg. eig(x)	计算矩阵x的特征值w和特征向量v

2.4　matplotlib 库

2.4.1　简介与安装

matplotlib 是 Python 的一个绘图库，经常被用来在 Python 中绘制统计数据的图像。它提供了功能多样的绘图函数和简单易懂的数据接口，使用极为方便。

matplotlib 库具有以下优点：

（1）经常与 numpy 结合，用来做数据分析，得益于本身就支持 ndarray 数据类型，使之可以不经转换地与 numpy 兼容。

（2）matplotlib 具有使用极为方便的绘图函数，其绘图格式清晰明确，只要了解一些绘图函数，就可以轻松地使用 matplotlib 绘制出各种类型的数据图像，包括柱状图、直方图、折线图以及其他类型的图像和它们的 3D 形式。

matplotlib 的安装和 numpy 一样，也有多种方法，这里只介绍命令行安装。在确认 Python 环境安装正确后，在命令行输入以下命令：

```
conda install matplotlib
```

单击回车，随后等待程序安装完成即可，安装成功后，只需要在程序中添加以下代码即可调用 matplotlib 库。

```
import matplotlib
```

2.4.2　主要功能介绍

matplotlib 提供的函数很多，我们选取本书中常用到的一些进行表述。其中最为常用的就是 matplotlib 中的 pyplot（简称 plt）包，本书中所需要绘制的图像均使用该包绘制。使用以下代码即可导入 plt 包。

```
from matplotlib import pyplot
```

一般将其重命名为 plt，即：

```
from matplotlib import pyplot as plt
```

（1）二维折（曲）线图

使用 plt 包中的 plot( )函数可以绘制二维折线图或二维曲线图。

```
x = np.linspace(0, np.pi * 2)  # 创建 x 数组
y = np.sin(x)  # 创建 y 数组
plt.plot(x, y, color="#0080ff")  # 用 plot 绘制曲(折)线图
plt.xlim(xmin=0, xmax=2 * np.pi)  # 设置横坐标
plt.ylim([-1.2, 1.2])  # 设置纵坐标
plt.xlabel("x")  # 设置横轴
plt.ylabel("sin(x)")  # 设置纵轴
plt.title("y=sin(x)")
plt.show()  # 显示图像
```

运行以上代码后，程序得到输出如图 2-2 所示。上述代码绘制了在区间[0,2π]上的三角函数 $y = \sin(x)$，并使用 show 函数展示了所绘制的图像。

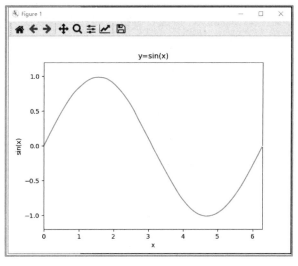

图 2-2　二维曲线图

（2）直方图

使用 plt 包中的 hist 函数可以绘制直方图。

```
x = np.random.normal(50, 20, 500)
# 生成均值为 50, 标准差为 20 的 500 个正态分布数据
plt.xlim(xmin=-20, xmax=120)  # 设置 x 坐标为[-20,100]
plt.ylim([0, 100])  # 设置 y 坐标为[0,100]
plt.xlabel("value")
plt.ylabel("rate")
plt.hist(x, bins=15, edgecolor="#000000", color="#0080FF", histtype="bar", alpha=0.5)  # 绘制图像
plt.show()  # 显示图像
```

上述代码生成了一组均值为 50、标准差为 20 的 500 个服从正态分布的数据，将直方图的线条数设置为 15 个（bins = 15），绘制了直方图，如图 2-3 所示。

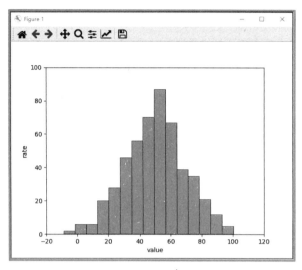

图 2-3　直方图

（3）三维图形

使用 axex 函数可以生成三维画布，再配合各种三维绘图函数使用，即可绘制三维图像。

```
ax = plt.axes(projection='3d')  # 生成 3d 画布
x = np.arange(-5, 5, 0.5)  # 设置自变量 x 的值
y = np.arange(-5, 5, 0.5)  # 设置自变量 y 的值
x, y = np.meshgrid(x, y)  # 网格化
z = -x ** 2 - y ** 2 # 计算
ax.scatter3D(x, y, z, color="#0080FF")  # 绘制 3d 图像
plt.show()
```

上述代码使用 axes 函数生成了 3d 画布，自变量x与自变量y均为从-5到 5 之间以 0.5 为间隔生成的数据，使用 meshgrid 函数将x与y网格化后，经过计算函数$z = -x^2 - y^2$的值，使用 scatter3D 函数绘制了三维散点图。同理，可以使用 polt_surface 函数绘制表面图，相应代码如下：

```
ax = plt.axes(projection='3d')  # 生成 3d 画布
x = np.arange(-5, 5, 0.5)  # 设置自变量 x 的值
y = np.arange(-5, 5, 0.5)  # 设置自变量 y 的值
x, y = np.meshgrid(x, y)  # 网格化
z = -x ** 2 - y ** 2 # 计算
ax.plot_surface(x, y, z, cmap='viridis')  # 绘制 3d 图像，cmap 设置图像颜色
plt.show()
```

绘制得到的图像如图 2-4、图 2-5 所示。除此之外，matplotlib 还提供了很多绘制其他图像的函数，其部分函数见表 2-3。

常用绘制图像函数　　　　　　　　　　　　　　　　　　　　　　表 2-3

函数名称	函数效果
scatter(x, y)	依据x, y数据绘制散点图
hist(data)	依据 data 数据绘制直方图
bar(x, y)	依据x, y数据绘制样本条形图

函数名称	函数效果
contour(x, y, fun)	依据 x, y 数据和 fun 函数规定的规则绘制等高线图
boxplot(data)	依据 data 数据绘制箱线图
pie(…)	依据各项参数，绘制饼状图

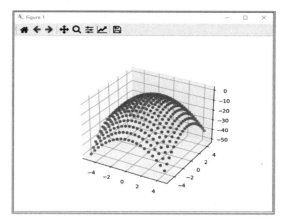

图 2-4　三维散点图

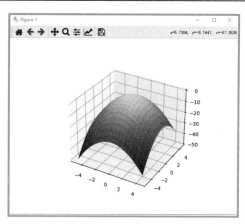

图 2-5　三维表面图

2.5　scipy 库

2.5.1　简介与安装

scipy 是一个开源的科学计算库，它是 Python 语言中用于数值计算、统计学和机器学习等领域的重要工具。scipy 是 numpy 库的扩展，提供了许多高级的数值算法和工具，如线性代数、优化、信号处理、图像处理、稀疏矩阵、统计分析等。scipy 库的重要组成部分包括 scipy.optimize、scipy.stats、scipy.integrate、scipy.interpolate、scipy.linalg 等模块。

scipy 库使用方便、功能强大，是 Python 科学计算的重要工具之一。它与其他 Python 库，如 matplotlib、pandas、scikit-learn 等相互配合，可用于数据分析、数值模拟、机器学习等多个领域。

采用命令行安装 scipy 库时，只需要在命令行中输入以下代码：

```
conda install scipy
```

单击回车，随后等待程序安装完成即可，安装成功后，只需要在程序中添加以下代码即可调用 scipy 库。

```
import scipy
```

2.5.2　主要功能介绍

本书中主要用到的是 scipy 库的线性代数功能和信号处理功能，所以接下来针对这两个功能进行举例说明。

（1）线性代数

```
a = np.array([[1, 2], [3, 4]])
print("矩阵 a 的行列式:", det(a))
print("矩阵 a 的逆:\n", inv(a))
```

上述代码创建了一个矩阵*a*，使用 scipy.linalg 中的 det 函数求得了*a*的行列式的值，使用 inv 函数求得了*a*的逆，运行以上代码后，程序得到输出：

```
矩阵 a 的行列式: -2.0
矩阵 a 的逆:
[[-2.  1. ]
 [ 1.5 -0.5]]
```

（2）傅里叶变换

在进行地震响应的频域分析时，时常要用到傅里叶（Fourier）变换，scipy 库提供了 Fourier 变换的函数。

```
x = np.linspace(0, 10, 1000)  # 创建横坐标
y = np.sin(2 * np.pi * 2 * x)  # 创建函数
fft_y = fft(y)  # 对函数进行快速 Fourier 变换
plt.xlim([0, 10])  # 设置横坐标
plt.ylim(([-1.5, 1.5]))  # 设置纵坐标
plt.xlabel("time(s)")
plt.ylabel("amplitude")
plt.plot(x, y)  # 绘制原函数
plt.show()
plt.xlim([0, 0.01])  # 设置横坐标
plt.ylim(([0, 0.5]))  # 设置纵坐标
plt.xlabel("Fs")
plt.ylabel("amplitude")
plt.plot(x / 1000, abs(fft_y / 1000))  # 绘制 fft 后的图像
plt.show()
```

上述代码将函数$y = \sin(4\pi x)$在[0,10]区间内进行了 Fourier 变换，程序运行得到结果如图 2-6 和图 2-7 所示。

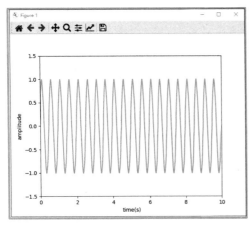

图 2-6 函数图形

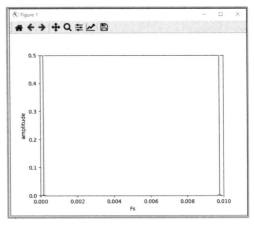

图 2-7 函数 Fourier 变换

2.6　sympy 库

2.6.1　简介与安装

在进行科学计算的时候，numpy 库提供的功能比较有限，某些高级功能无法使用 numpy 库实现，比如求解函数方程、求极限、求导、求定积分等高等数学方面的计算。如果坚持使用 numpy，就需要程序员自行计算得到显式解后再编制程序。为此，sympy 库提供了有效的解决方案。

sympy 库提供了很多的科学计算函数，使用这些函数可以在不进行人为求解的情况下得到某些高等数学问题的解，其功能包括表达式求值、函数方程求解、数列求和、求极限、求导、求定积分、求多重积分、求不定积分、表达式简化、符号计算等。

采用命令行安装 sympy 库时，只需要在命令行中输入以下代码：

```
conda install sympy
```

单击回车，随后等待程序安装完成即可，安装成功后，只需要在程序中添加以下代码即可调用 sympy 库。

```
import sympy
```

2.6.2　主要功能介绍

（1）求解方程

```
x = sp.Symbol("x")
f_x = x ** 2 + 2 * x - 1
print(sp.solve(f_x, x))
```

运行以上代码后，程序得到输出：

```
[-1 + sqrt(2), -sqrt(2) - 1]
```

上述代码段是利用 sympy 库对一个一元二次方程 $x^2 + 2x - 1 = 0$ 进行求解，计算后得到解为 $-1 + \sqrt{2}$，$-1 - \sqrt{2}$。函数 solve 中的第一个参数表示函数方程的左边，之后的参数表示函数方程中的参数。

（2）数列求和

```
i = sp.Symbol("i")
f_x2 = sp.summation(i, (i, 1, 10))
print(f_x2)
```

运行以上代码后，程序得到输出：

```
55
```

上述代码段是对数列进行求和，求和过程写成表达式是 $\sum_{i=1}^{10} i$，求和得到的结果为 55。

summation 函数中第一个参数是求和的表达式，第二个参数是一个元组，元组有三个参数，第一个参数是变量i，第二个参数是变化的下限，第三个参数是变化的上限。

（3）求极限

```
x = sp.symbols("x")
f_x3 = sp.sin(x) / x
lim = sp.limit(f_x3, x, 0)
print(lim)
```

运行以上代码后，程序得到输出：

```
1
```

上述代码计算了 $\lim\limits_{x\to 0}\dfrac{\sin x}{x}$ 的值，计算得到的结果为 1。limit 函数中第一个参数是需要求极限的表达式，第二个参数是极限变量，第三个参数是极限趋近的值。

（4）求导

```
x = sp.symbols("x")
f_x4 = sp.sin(x)
print(sp.diff(f_x4, x))
```

运行以上代码后，程序得到输出：

```
cos(x)
```

上述代码计算了 $\sin(x)$ 的导数，计算得到的结果为 $\cos(x)$。diff 函数中的第一个参数是需要求导的表达式，第二个参数是未知量。

（5）求积分

```
x = sp.symbols("x")
f_x5 = 2 * x + 1
print(sp.integrate(f_x5, x))
```

运行以上代码后，程序得到输出：

```
x**2 + x
```

上述代码计算了函数 $f(x) = 2x + 1$ 的不定积分，计算得到的结果为 $f(x) = x^2 + x$。integrate 函数中的第一个参数是需要求积分的表达式，第二个参数是未知量。

（6）符号计算

从上述例子中可以看出，sympy 库可以输出形式为字母的计算结果，这表示 sumpy 库支持符号计算，接下来我们用 sympy 库推导一个数学公式。

```
x, y = sp.symbols("x,y")
z = 2 * x ** 2 + 3 * x + 4 * y ** 2 + 5 * y + 6
print(sp.diff(z, x))
print(sp.diff(z, y))
```

上述代码创建了一个二次函数 $z = 2x^2 + 3x + 4y^2 + 5y + 6$，并分别对该函数求 x 和 y 的偏导，运行后得到输出：

```
4*x + 3
8*y + 5
```

（7）数学符号补充

sympy 库除了具有许多数学函数外，为了方便数学计算，它还内置了多个数学符号，具体见表 2-4。

sympy 库常用数学符号　　　　　　　　　　　表 2-4

数学符号	含义
sympy.I	虚数单位 i
sympy.E	自然对数 e
sympy.oo	无穷大
sympy.pi	圆周率

2.7　TensorFlow 库

2.7.1　简介

TensorFlow 是一个由 Google 开源的机器学习框架，它可以让开发者构建、训练和部署深度学习模型。TensorFlow 最初是为了支持 Google 的研究和产品开发而创建的，它在 2015 年首次发布，从那时起一直是深度学习领域中最受欢迎的框架之一。

TensorFlow 具有以下几处优点：

（1）方便。通过张量定义数据，可以轻松地定义、优化和计算数学表达式。

（2）通用。对机器学习和深度学习技术提供了很好的支持。

（3）快速。支持 GPU 计算，实现了自动化管理，具有优化内存和数据的独特功能。

2.7.2　安装

TensorFlow 具有两种版本：CPU 版本和 GPU 版本。训练机器学习模型或者神经网络模型时，因为其计算量大，且 CPU 版本相对于 GPU 版本而言安装操作简单，所以这里仅介绍 GPU 版本 TensorFlow 的下载方式。

1）版本查询

查看自己的 Python 版本，然后去 Google 查询版本号对应的网站 https://tensorflow.google.cn/install/source_windows?hl=en#gpu 中查看对应的版本号。例如本书采用的 Python 版本号为 3.8，经过查询后可知 TensorFlow 版本号为 2.4.0，cuDNN 版本号为 8.0，CUDA 版本号为 11.0。该对应关系一定要查询且配置正确，否则安装极有可能失败。

2）下载 CUDA

（1）打开命令行窗口，输入

nvidia-smi

查询本机的 CUDA 版本。本书查询到的 CUDA 版本号为 12.1，版本号高于 11.0，我们最终选择下载 11.0 版本的 CUDA。

（2）进入 https://developer.nvidia.com/cuda-toolkit-archive 下载所需要的 CUDA 版本，本书下载的是 CUDA Toolkit 11.0.1，如图 2-8 所示。

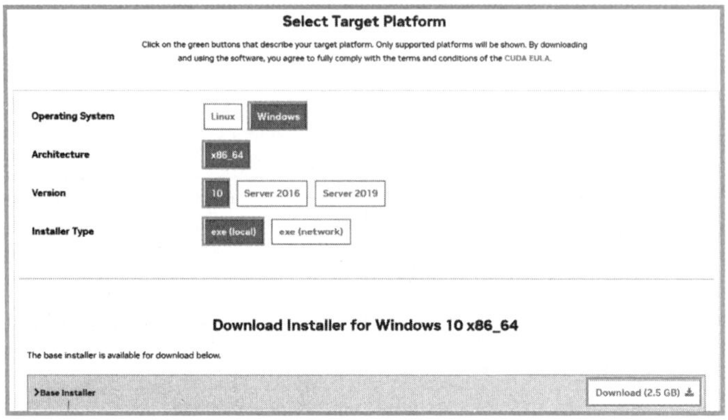

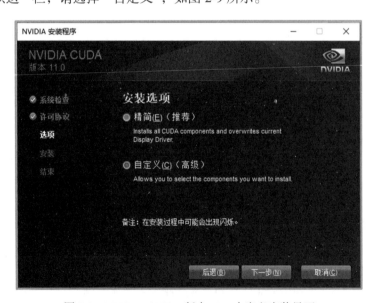

图 2-8　CUDA Toolkit 11.0.1 界面

（3）下载好之后，双击下载的文件，跟随安装引导程序一步一步执行即可。这里给出一些需要注意的问题。

安装选项这一栏，请选择"自定义"，如图 2-9 所示。

图 2-9　NVIDIA CUDA 版本 11.0 自定义安装界面

选择驱动程序组件时，请注意分辨自己是否已经有安装好的组件。例如这里的 NVIDIA GeForce Experience 已经存在，且版本号高于要安装组件的版本号，此时请不要勾选这些组件，如图 2-10 所示。

图 2-10　NVIDIA CUDA 版本 11.0 驱动组件界面

在选择安装位置的时候，无论选择了哪个安装路径，请记住这三个安装路径的位置，在后续环境变量的配置中要使用，这三个路径如图 2-11 所示。

图 2-11　NVIDIA CUDA 版本 11.0 安装路径界面

（4）在环境变量编辑器中检查，查看是否有以下 4 行。

```
CUDA_PATH               C:\Program Files\NVIDIA GPU Computing
                        Toolkit\CUDA\v11.0
CUDA_PATH_V11_0         C:\Program Files\NVIDIA GPU Computing
                        Toolkit\CUDA\v11.0
NVCUDASAMPLES_ROOT      C:\ProgramData\NVIDIA Corporation\CUDA
                        Samples\v11.0
NVCUDASAMPLES11_0_ROOT  C:\ProgramData\NVIDIA Corporation\CUDA
                        Samples\v11.0
```

系统一般会自动配置环境变量，如果没有，请自行手动配置。此外，在命令行中输入以下命令：

```
nvcc -V
```

如果出现类似以下的提示，则证明安装成功。

```
nvcc: NVIDIA (R) Cuda compiler driver
Copyright (c) 2005-2020 NVIDIA Corporation
Built on Wed_May__6_19:10:02_Pacific_Daylight_Time_2020
Cuda compilation tools, release 11.0, V11.0.167
Build cuda_11.0_bu.relgpu_drvr445TC445_37.28358933_0
```

3）安装 cuDNN

cuDNN 不是应用程序，而是几个针对神经网络进行加速的软件包，下载后把它复制到 CUDA 的目录下即可。

（1）去 https://developer.nvidia.com/rdp/cudnn-archive 下载对应版本的安装包，本书中选择的版本是对应 CUDA11.0 版本的 cuDNN v8.0.5，并解压。

（2）找到 CUDA 的安装目录，将 cudnn 文件夹中 bin、include、lib 子目录下的所有文件复制到 CUDA 对应的子目录中。注意，一定要复制文件，而不能直接复制文件夹，如图 2-12 所示。

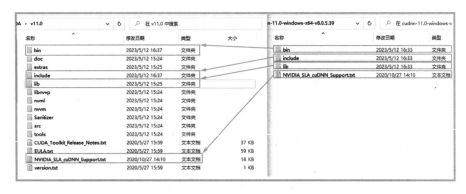

图 2-12　cuDNN 安装

（3）打开系统环境变量"Path"，在系统变量路径下添加以下路径：

```
C:\Program Files\NVIDIA GPU Computing Toolkit\CUDA\v11.0\bin
C:\Program Files\NVIDIA GPU Computing Toolkit\CUDA\v11.0\libnvvp
C:\Program Files\NVIDIA GPU Computing Toolkit\CUDA\v11.0
C:\Program Files\NVIDIA GPU Computing Toolkit\CUDA\v11.0\lib\x64
```

本书的路径为 CUDA v11.0 版本的路径，请根据自己的 CUDA 的安装路径做调整。

（4）打开 cmd 命令行，进入 CUDA 安装路径下的 extras\demo_suite 文件夹，输入以下命令：

```
.\bandwidthTest.exe
.\deviceQuery.exe
```

在执行结果下如果均能找到以下命令：

```
Result = PASS
```

则证明 cuDNN 安装成功。

4）创建 TensorFlow 虚拟环境

（1）在命令行中输入以下命令：

```
conda create -n tensorflow python=3.8
```

这条命令创建了一个名为 tensorflow 的虚拟环境，Python 版本为 3.8。

（2）输入以下命令进入 tensorflow 虚拟环境：

```
activate tensorflow
```

再输入以下命令，安装指定版本的 TensorFlow 库。

```
pip install tensorflow-gpu==2.4.0
```

（3）安装完成后，在虚拟环境中输入：

```
python
```

打开交互式编程界面，输入：

```
import tensorflow as tf
tf.test.is_gpu_available()
```

如果返回 True，则表示 GPU 版本的 TensorFlow 安装成功。

2.8　PyTorch 库

2.8.1　简介

PyTorch 是一个由 Facebook 开源的机器学习框架，它提供了一种灵活、高效的方式来构建、训练和部署深度学习模型。PyTorch 在深度学习领域中越来越受欢迎，因为它具有易于使用的 API、快速的执行速度和广泛的社区支持。

PyTorch 库具有以下几个优点：

（1）简洁。PyTorch 追求最少的封装，避免重复"造轮子"。所以 PyTorch 的代码更容易理解，且更方便开发人员从底层修改算法。

（2）速度。PyTorch 的速度表现胜过 TensorFlow 和 Keras 等框架，PyTorch 也支持 GPU加速，在同样的算法下，PyTorch 具有更快的运行速度。

（3）动态框架。PyTorch 是动态框架，而 TensorFlow 是静态框架，这就支持 PyTorch 可以实现随着时间变化的计算逻辑，也使它具有比 TensorFlow 更高的灵活性。

2.8.2　安装

1）创建 PyTorch 专用的虚拟环境，在命令行中输入以下命令：

```
create -n pytorch python=3.8
```

该命令创建了一个名叫 pytorch 的 3.8 版本的 Python 环境。然后进入该虚拟环境。

```
activate pytorch
```

2）去 PyTorch 官网 https://pytorch.org/找到需要安装的 PyTorch 版本，复制安装命令，如图 2-13 所示。

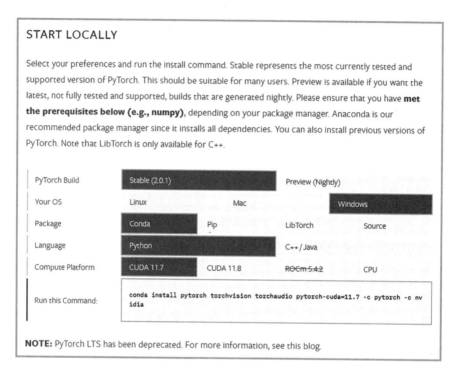

图 2-13　PyTorch 安装

然后在命令行中执行该命令。

3）命令执行完成后，在 Python 交互式界面输入以下代码：

```
import torch
torch.cuda.is_available()
```

如果返回结果为 True，则证明 PyTorch 安装成功。

安装 TensorFlow 库或 PyTorch 库需要注意以下几点：

（1）安装过程需保持十分严谨，稍有不慎就有可能出现报错，且针对不同的显卡，安装的版本也不尽相同，需要仔细甄别查证。

（2）建议在 anaconda 中针对神经网络计算库单独开辟专用的虚拟环境，因为这些库对 numpy 等包的依赖十分强烈，不同版本号之间无法通用，先前安装的 numpy 等库的版本不符合要求则会造成安装失败。

（3）建议只选择一个适合的库进行安装，不要一次性安装多个，因为不同的库对 CUDA 版本的支持和对 Python 的适配性不同，极有可能出现环境错误问题。

（4）本书推荐安装 PyTorch 作为神经网络计算库，因为 PyTorch 安装过程简单，对于初学者更不易出错，并且本书后续的相关章节使用的也是 PyTorch 库。

《第3章》

结构运动方程的建立

本章主要介绍结构动力计算的特点和运动方程的建立方法。在此基础上需要进一步确定构成运动方程的基本要素,如质量矩阵、刚度矩阵、阻尼矩阵和外荷载引起的节点力向量。

3.1 动力计算的特点

动力计算与静力计算的主要差别就在于是否考虑惯性力的影响。例如,图 3-1(a)所示的简支梁承受一静力荷载 p,则它的弯矩、剪力及挠曲线形状直接依赖于给定的荷载,而且可根据力的平衡原理由 p 求得。另一方面,如果图 3-1(b)所示的荷载 $p(t)$ 是动态的,则梁产生的位移将与加速度有联系,而这些加速度又产生与其反向的惯性力。于是,图 3-1(b)所示梁的弯矩和剪力不仅要平衡外荷载,而且还要平衡由于梁的加速度所引起的惯性力。

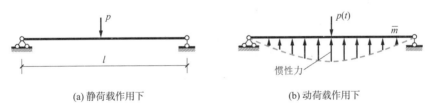

(a) 静荷载作用下   (b) 动荷载作用下

图 3-1 静荷载与动荷载作用对比

结构静力计算与动力计算在输入、结构和输出三方面的对比如图 3-2 所示。

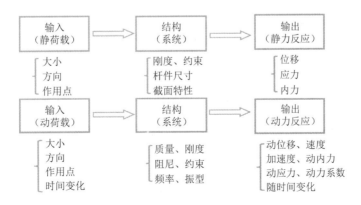

图 3-2 静力计算与动力计算对比

3.2　运动方程的建立方法

为了求出结构的动力响应，应先列出运动方程。运动方程的建立，是振动力学的核心问题。只有运动方程建立正确，整个求解才能正确。常用的方法有达朗贝尔（D'Alembert）原理、虚功原理、拉格朗日（Lagrange）方程和哈密顿（Hamilton）原理。

3.2.1　达朗贝尔（D'Alembert）原理

将质点系所受之力分为主动力、约束反力和惯性力，对应包含N个质点的质点系，记F_i、f_{Ii}、S_i分别为质点m_i所受的主动力、惯性力和约束反力，则 D'Alembert 原理可表示为

$$F_i + S_i + f_{Ii} = 0 \qquad (i = 1,2,\cdots,N) \tag{3-1}$$

通常，主动力F_i包括外荷载$p(t)$、阻尼力f_D和弹性恢复力f_S。必须指出，对质点来说，惯性力是假想中施加的，而非实际作用于质点上的力。用 D'Alembert 原理建立质点系运动方程的方法也称为"动静法"。

3.2.2　虚功原理

动力学虚功原理可表述为：具有理想约束的质点系运动时，在任意瞬时，主动力和惯性力在任意虚位移上所做的虚功之和等于零。

在任意虚位移下，约束反力所做的虚功之和恒等于零，$\sum\limits_{i=1}^{N} S_i \delta u_i = 0$。设体系第$i$质点所受的主动力合力为$F_i$，惯性力为$f_{Ii} = -m_i \ddot{u}_i$，虚位移为$\delta u_i$，由虚功原理可写出如下虚功方程：

$$\sum_{i=1}^{N}(F_i - m_i \ddot{u}_i)\delta u_i = 0 \tag{3-2}$$

由于虚位移δu_i为任意的，式(3-2)得以满足的充分条件是

$$F_i - m_i \ddot{u} = 0 \qquad (i = 1,2,\cdots,N) \tag{3-3}$$

3.2.3　拉格朗日（Lagrange）方程

设质点系的动力自由度为n，质点系有N个质点，则对于完整约束的质点系，任意质点的坐标可用n个广义坐标表示为

$$u_i = u_i(q_1, q_2, \cdots, q_n, t) \qquad (i = 1,2,\cdots,N) \tag{3-4}$$

力或力系向广义坐标分解后的量即为广义力，广义力是与广义坐标对应的量，定义为

$$Q_j = \sum_{i=1}^{N} F_i \frac{\partial u_i}{\partial q_i} \tag{3-5}$$

根据 D'Alembert 原理，质点m_i在广义坐标下的运动方程为

$$\tilde{Q}_j + R_j + F_{Ij} = 0 \qquad (j = 1,2,\cdots,N) \tag{3-6}$$

其中，广义主动力$\tilde{Q}_j$和广义约束反力R_j可以表示为

$$\tilde{Q}_j = \sum_{i=1}^{N} F_i \frac{\partial u_i}{\partial q_i} \tag{3-7}$$

$$R_j = \sum_{i=1}^{N} S_i \frac{\partial u_i}{\partial q_i} \tag{3-8}$$

考虑到质点系的动能为

$$T = \frac{1}{2}\sum_{i=1}^{N} m_i \dot{u}_i^2 \tag{3-9}$$

广义惯性力 F_{Ij} 可表示为

$$F_{Ij} = \sum_{i=1}^{N}(-m_i \ddot{u}_i)\frac{\partial u_i}{\partial q_i} = -\frac{\mathrm{d}}{\mathrm{d}t}\left(\frac{\partial T}{\partial \dot{q}_j}\right) + \frac{\partial T}{\partial q_j} \tag{3-10}$$

将式(3-7)、式(3-8)和式(3-10)分别代入式(3-6)可得完整质点系的 Lagrange 方程

$$\frac{\mathrm{d}}{\mathrm{d}t}\left(\frac{\partial T}{\partial \dot{q}_j}\right) - \frac{\partial T}{\partial q_j} - \tilde{Q}_j - R_j = 0 \tag{3-11}$$

具有理想约束的质点系，$R_j = 0$。如果系统的主动力分为两部分，一部分为有势力，另一部为非有势力，即存在势函数 $V = V(q_1, q_2, \cdots, q_n)$ 使得

$$\tilde{Q}_j = -\frac{\partial V}{\partial q_j} + Q_j \tag{3-12}$$

其中，Q_j 为非有势力对应于广义坐标的广义力函数，则上述 Lagrange 方程可表达为

$$\frac{\mathrm{d}}{\mathrm{d}t}\left(\frac{\partial T}{\partial \dot{q}_j}\right) - \frac{\partial T}{\partial q_j} + \frac{\partial V}{\partial q_j} = Q_j \qquad (j = 1, 2, \cdots, n) \tag{3-13}$$

3.2.4　哈密顿（Hamilton）原理

对具有理想约束的质点系，系统的动能函数可以表示为广义坐标和广义速度的函数，即

$$T = T(q_1, q_2, \cdots, q_n, \dot{q}_1, \dot{q}_2, \cdots, \dot{q}_n, t) \tag{3-14}$$

则动能的变分可表示为

$$\delta T = \sum_{j=1}^{N}\left(\frac{\partial T}{\partial q_j}\delta q_j + \frac{\partial T}{\partial \dot{q}_j}\delta \dot{q}_j\right) \tag{3-15}$$

从 t_0 时刻到 t_1 时刻的区间上对式(3-15)积分，有

$$\int_{t_0}^{t_1}(\delta T)\,\mathrm{d}t = \int_{t_0}^{t_1}\sum_{j=1}^{N}\left(\frac{\partial T}{\partial q_j} - \frac{\mathrm{d}}{\mathrm{d}t}\frac{\partial T}{\partial \dot{q}_j}\right)\delta q_j\,\mathrm{d}t \tag{3-16}$$

再根据 Lagrange 方程式(3-11)可以得到

$$\int_{t_0}^{t_1}\left(\delta T - \sum_{j=1}^{N}\frac{\partial V}{\partial q_j}\delta q_j + \sum_{j=1}^{N}Q_j\delta q_j\right)\mathrm{d}t = 0 \tag{3-17}$$

由于 $\frac{\partial V}{\partial q_j}\delta q_j = \delta V$，同时令 $\sum_{j=1}^{N}Q_j\delta q_j = \delta W_{\mathrm{nc}}$，则 Hamilton 原理的表达式为

$$\int_{t_0}^{t_1}\delta(T - V)\,\mathrm{d}t + \int_{t_0}^{t_1}\delta W_{\mathrm{nc}}\,\mathrm{d}t = 0 \tag{3-18}$$

式中，T 为体系的总动能；V 为保守力产生的体系的势能；δW_{nc} 为作用在体系上的非保守力所做的功；δ 为指定时段内所取的变分。

3.3　结构的单元矩阵

结构的单元矩阵包括质量矩阵、刚度矩阵和阻尼矩阵。为进行结构的动力响应分析，需建立其运动方程。这涉及结构体系的质量矩阵、刚度矩阵、阻尼矩阵和外荷载引起的节点力向量，一旦这些构成运动方程的基本要素确定，则结构体系的运动方程就确定了。

3.3.1　质量矩阵和刚度矩阵

下面分别以层剪切模型和杆系模型为对象，介绍其质量矩阵和刚度矩阵的形成过程。

（1）层剪切模型

如图 3-3（a）所示的 N 层剪切型框架，假定楼板的刚度无限大，结构质量集中在楼层处，忽略柱的轴向变形和轴力对柱子刚度的影响，因此可以将其简化为"葫芦串"模型 [图 3-3（b）]。对第 i 个楼层取隔离体进行受力分析，其中包括外力 $p_i(t)$、弹性恢复力 f_{Si}、阻尼力 f_{Di} 和惯性力 f_{Ii}，如图 3-3（c）所示。

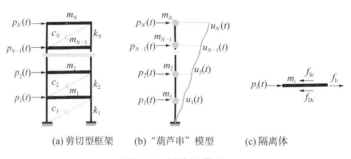

(a) 剪切型框架　　(b) "葫芦串"模型　　(c) 隔离体

图 3-3　层剪切模型

根据 D'Alembert 原理，有

$$f_{Ii} + f_{Si} + f_{Di} = p_i(t) \tag{3-19}$$

弹性恢复力 f_{Si} 可以用结构的层间刚度来表示，其一般表达式为

$$f_{Si} = k_{i1}u_1 + k_{i2}u_2 + \cdots + k_{iN}u_N \tag{3-20}$$

结构的运动方程可表达为

$$m_1\ddot{u}_1 + c_1\dot{u}_1 + k_1u_1 - c_2(\dot{u}_2 - \dot{u}_1) - k_2(u_2 - u_1) = p_1(t)$$
$$m_2\ddot{u}_2 + c_2(\dot{u}_2 - \dot{u}_1) + k_2(u_2 - u_1) - c_3(\dot{u}_3 - \dot{u}_2) - k_3(u_3 - u_2) = p_2(t)$$
$$\vdots$$
$$m_n\ddot{u}_n + c_n(\dot{u}_n - \dot{u}_{n-1}) + k_n(u_n - u_{n-1}) = p_n(t) \tag{3-21}$$

将式(3-21)写成矩阵的形式为

$$[M]\{\ddot{u}\} + [C]\{\dot{u}\} + [K]\{u\} = \{p(t)\} \tag{3-22}$$

其中，质量矩阵 $[M]$ 和刚度矩阵 $[K]$ 分别为

$$[M] = \begin{bmatrix} m_1 & 0 & 0 & 0 \\ 0 & m_2 & 0 & 0 \\ 0 & 0 & \ddots & 0 \\ 0 & 0 & 0 & m_n \end{bmatrix}, \quad [K] = \begin{bmatrix} k_1+k_2 & -k_2 & 0 & 0 & 0 \\ -k_2 & k_2+k_3 & -k_3 & 0 & 0 \\ 0 & \ddots & \ddots & \ddots & 0 \\ 0 & 0 & -k_{n-1} & k_{n-1}+k_n & -k_n \\ 0 & 0 & 0 & -k_n & k_n \end{bmatrix}$$

对应质量矩阵和刚度矩阵的 Python 源代码实现如下：

```
class LayerShear:
    def __init__(self, each_shear_m, each_shear_k, h=3):
        """
        层剪切模型
        Parameters
        ----------
        each_shear_m 各层质量，一维数组，长度为层数
        each_shear_k 各层刚度，一维数组
        h 结构高度，浮点数
        """
        self.each_shear_k = each_shear_k
        self.each_shear_m = each_shear_m
        self.h = h

        self.freedom = len(each_shear_k)   # 计算当前结构自由度
        self.m = np.diag(each_shear_m)     # 构造质量矩阵，即对角化 each_shear_m
        self.k = self.get_k(each_shear_k)  # 构造刚度矩阵

    def get_k(self, each_shear_k):
        """
        刚度矩阵构造函数
        Parameters
        ----------
        each_shear_k 各层刚度，一维数组

        Returns 刚度矩阵，二维数组
        -------

        """
        # 全零初始化刚度矩阵
        k = np.zeros((self.freedom, self.freedom))

        for i in range(self.freedom - 1):
            k[i, i] = each_shear_k[i] + each_shear_k[i + 1]
            k[i, i + 1] = -each_shear_k[i + 1]
            k[i + 1, i] = -each_shear_k[i + 1]
        k[self.freedom - 1, self.freedom - 1] = each_shear_k[self.freedom - 1]

        return k

    def get_p_delta(self):
        """
        p-delta 矩阵构造函数
        Parameters
        ----------

        Returns 考虑p-delta 效应的刚度矩阵，二维数组
        -------

        """
        # 初始化
        k_p = np.zeros((self.freedom, self.freedom))
        w = np.zeros(self.freedom)

        for i in range(self.freedom):
            w[i] = np.sum(self.each_shear_m[:self.freedom - i]) * 9.8

        # 开始构造p-delta 矩阵
        for i in range(self.freedom - 1):
            k_p[i, i] = w[i] + w[i + 1]
            k_p[i, i + 1] = -w[i + 1]
```

```
        k_p[i + 1, i] = -w[i + 1]
    k_p[self.freedom - 1, self.freedom - 1] = w[self.freedom - 1]

    return k_p / self.h
```

【例 3-1】某三层结构，第 1～3 层的质量分别为 2762kg、2760kg、2300kg，刚度分别为 $2.485 \times 10^4 \text{N/m}$、$1.921 \times 10^4 \text{N/m}$、$1.522 \times 10^4 \text{N/m}$，当采用层剪切模型时，求解该结构的质量矩阵和刚度矩阵。

【解】Python 程序实现如下：

```
if __name__ == "__main__":
    m = np.array([2762, 2760, 2300])
    k = np.array([2.485, 1.921, 1.522]) * 1e4
    layer_shear = LayerShear(m, k)
    print(layer_shear.m)
    print(layer_shear.k)
```

程序输出结果如下：

```
质量矩阵为:
[[2762    0    0]
 [   0 2760    0]
 [   0    0 2300]]
刚度矩阵为:
[[ 44060.-19210.      0.]
 [-19210. 34430. -15220.]
 [    0. -15220.  15220.]]
```

（2）杆系模型

杆系模型实质上是采用有限元法，将结构离散为有限个单元，通过计算单个单元的质量矩阵和刚度矩阵，根据坐标转换可以集成得到结构整体的质量矩阵和刚度矩阵。

在有限元方法中，单元的位移模式或位移函数一般采用多项式作为近似函数。在局部坐标下，考虑长为 L，截面抗弯刚度为 $EI(x)$、轴向刚度为 $EA(x)$，质量线密度为 $m(x)$ 的平面梁 AB 单元，单元的两个节点位于两端，并忽略轴向变形，此时 1 个节点具有两个自由度，即横向位移和转角，如图 3-4（a）所示，对应的内力如图 3-4（b）所示。

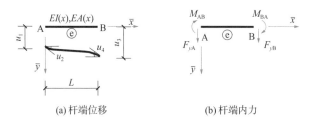

(a) 杆端位移　　　　　　　　(b) 杆端内力

图 3-4　平面梁单元杆端位移与内力

平面梁单元的挠曲线可表示为

$$u(x,t) = \sum_{i=1}^{4} \psi_i(x) u_i(t) = [\psi_1(x) \quad \psi_2(x) \quad \psi_3(x) \quad \psi_4(x)] \begin{bmatrix} u_1(t) \\ u_2(t) \\ u_3(t) \\ u_4(t) \end{bmatrix} = [N]\{u\}_e \qquad (3\text{-}23)$$

式中，$u_i(t)$ 表示为两节点的位移，即广义坐标；$\psi_i(x)$ 为相应于 $u_i(t)$ 的形函数或插值函数。所定义的 $\psi_i(x)$ 应满足如下边界条件：

$$\left.\begin{array}{l} i=1:\psi_1(0)=1,\ \psi_1'(0)=\psi_1(L)=\psi_1'(L)=0 \\ i=2:\psi_2'(0)=1,\ \psi_2(0)=\psi_2(L)=\psi_2'(L)=0 \\ i=3:\psi_3(L)=1,\ \psi_3(0)=\psi_3'(0)=\psi_3'(L)=0 \\ i=4:\psi_4'(L)=1,\ \psi_4(L)=\psi_4'(0)=\psi_4(0)=0 \end{array}\right\} \quad (3\text{-}24)$$

对于一个插值函数，有四个边界条件，如果选用三次多项式，则未知系数的个数正好是四个，因此可以选用下式：

$$\psi_i(x)=a_i+b_i\left(\frac{x}{L}\right)+c_i\left(\frac{x}{L}\right)^2+d_i\left(\frac{x}{L}\right)^3 \quad (3\text{-}25)$$

式中，a_i、b_i、c_i、d_i 为待定的未知系数。将式(3-24)代入式(3-25)，可以求出各待定系数，最终得到插值函数为

$$\left.\begin{array}{l} \psi_1(x)=1-3\left(\frac{x}{L}\right)^2+2\left(\frac{x}{L}\right)^3 \\ \psi_1(x)=L\left(\frac{x}{L}\right)-2L\left(\frac{x}{L}\right)^2+L\left(\frac{x}{L}\right)^3 \\ \psi_3(x)=3\left(\frac{x}{L}\right)^2-2\left(\frac{x}{L}\right)^3 \\ \psi_4(x)=-L\left(\frac{x}{L}\right)^2+L\left(\frac{x}{L}\right)^3 \end{array}\right\} \quad (3\text{-}26)$$

单元刚度矩阵 $[K]_e$ 中各元素可以通过虚功原理计算得到：

$$k_{ij}^e=\int_0^L EI(x)\psi_i''(x)\psi_j''(x)\mathrm{d}x \quad (3\text{-}27)$$

当梁是等截面直梁时，由式(3-26)和式(3-27)可计算得到平面弯曲梁单元的刚度矩阵为

$$[K]_e=\frac{2EI}{L^3}\begin{bmatrix} 6 & 3L & -6 & 3L \\ 3L & 2L^2 & -3L & L^2 \\ -6 & -3L & 6 & -3L \\ 3L & L^2 & -3L & 2L^2 \end{bmatrix} \quad (3\text{-}28)$$

当计算单元质量矩阵采用的插值函数与计算单元刚度矩阵所用的插值函数相同时，所得到的质量矩阵称为"一致质量矩阵"。一致质量矩阵 $[M]_e^C$ 中的各元素可通过虚功原理计算得到：

$$m_{ij}^e=\int_0^L m(x)\psi_i(x)\psi_j(x)\mathrm{d}x \quad (3\text{-}29)$$

对于均布质量即 $m(x)=m$ 时，单元质量矩阵为

$$[M]_e^C=\frac{ml}{420}\begin{bmatrix} 156 & 22L & 54 & -13L \\ 22L & 4L^2 & 13L & -3L^2 \\ 54 & 13L & 156 & -22L \\ -13L & -3L^2 & -22L & 4L^2 \end{bmatrix} \quad (3\text{-}30)$$

当把单元分布的质量集中成质量块置于梁单元的两个端点时，质量块的体积为零，质量之和等于梁单元的总质量 mL，再按照质量矩阵元素 m_{ij} 的定义，得到平面梁单元的集中

质量矩阵 $[M]_e^L$ 为

$$[M]_e^L = ml \begin{bmatrix} 0.5 & 0 & 0 & 0 \\ 0 & 0 & 0 & 0 \\ 0 & 0 & 0.5 & 0 \\ 0 & 0 & 0 & 0 \end{bmatrix} \tag{3-31}$$

当考虑轴向变形时，可以得到扩展后的局部坐标系下 6×6 阶单元质量矩阵和单元刚度矩阵。

在得到扩展后的局部坐标系下的单元质量矩阵和单元刚度矩阵后，可以通过坐标转换矩阵 $[T]_e$ 将局部坐标系质量矩阵和刚度矩阵变换到整体坐标系下，然后根据节点编码进行总装，最终形成结构整体的质量矩阵和刚度矩阵。

为了表述单元杆端力，需要每个单元都建立一套局部坐标，如图 3-5（a）所示。但在要建立方程时，则需要结构有一套统一的坐标，称之为整体坐标，如图 3-5（b）所示。

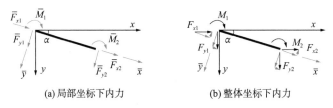

图 3-5　局部坐标与整体坐标下单元内力

通过局部坐标系中杆端力与整体坐标系中杆端力之间的映射关系，可得到坐标转换矩阵 $[T]_e$ 为

$$[T]_e = \begin{bmatrix} \cos\alpha & \sin\alpha & 0 & 0 & 0 & 0 \\ -\sin\alpha & \cos\alpha & 0 & 0 & 0 & 0 \\ 0 & 0 & 1 & 0 & 0 & 0 \\ 0 & 0 & 0 & \cos\alpha & \sin\alpha & 0 \\ 0 & 0 & 0 & -\sin\alpha & \cos\alpha & 0 \\ 0 & 0 & 0 & 0 & 0 & 1 \end{bmatrix} \tag{3-32}$$

进行坐标转换后，形成结构整体的质量矩阵、阻尼矩阵和刚度矩阵的 Python 源代码实现如下：

```python
class Beam6:
    """
    扩展的 Beam6 单元类型
    """

    def __init__(self,
                 node_1,
                 node_2,
                 freedom,
                 elastic=1,
                 inertia=1,
                 area=1,
                 rho=1):
        self.nodes = (node_1, node_2)  # 梁的方向始终由 node_1 指向 node_2
        self.elastic = elastic  # 弹性模量
```

```python
        self.inertia = inertia  # 截面惯性矩
        self.area = area  # 横截面积
        self.rho = rho  # 密度
        self.beam_length = self.get_length()  # 长度
        self.freedom = freedom  # 用 False 代表自由，用 True 代表约束
        # 提供两种质量矩阵，集中质量矩阵和一致质量矩阵
        self.loca_m = np.diag(
                [0.5, 0.5, 0, 0.5, 0.5, 0]) * self.rho * self.area * self.beam_length
        # 此为集中质量矩阵
        self.loca_m_ = self.get_loca_m_()  # 此为一致质量矩阵
        self.loca_k = self.get_loca_k()  # 局部单元刚度矩阵
        self.transpose = self.get_transpose()  # 坐标变换矩阵
        # 整体坐标下的单元刚度矩阵
        self.k = self.transpose.T @ self.loca_k @ self.transpose
        # 整体坐标下的集中质量矩阵
        self.m = self.transpose.T @ self.loca_m @ self.transpose
        # 整体坐标下的一致质量矩阵
        self.m_ = self.transpose.T @ self.loca_m_ @ self.transpose

    def get_length(self):
        """计算单元长度"""
        length = (self.nodes[0][0] - self.nodes[1][0]) ** 2 + (
                self.nodes[0][1] - self.nodes[1][1]) ** 2
        return length ** 0.5

    def get_loca_k(self):
        """组装局部坐标下的单元刚度矩阵"""
        L = self.beam_length
        E = self.elastic
        I = self.inertia
        A = self.area
        k = np.array([
            [E * A / L, 0, 0, -E * A / L, 0, 0],
            [0, 12 * E * I / L ** 3, 6 * E * I / L ** 2, 0, -12 * E * I / L ** 3, 6 * E * I
/ L ** 2],
            [0, 6 * E * I / L ** 2, 4 * E * I / L, 0, -6 * E * I / L ** 2, 2 * E * I / L],
            [-E * A / L, 0, 0, E * A / L, 0, 0],
            [0, -12 * E * I / L ** 3, -6 * E * I / L ** 2, 0, 12 * E * I / L ** 3, -6 * E * I
/ L ** 2],
            [0, 6 * E * I / L ** 2, 2 * E * I / L, 0, -6 * E * I / L ** 2, 4 * E * I / L]
        ])
        return k

    def get_loca_m_(self):
        """组装局部坐标下的一致质量矩阵"""
        rho = self.rho
        A = self.area
        L = self.beam_length
        m_ = np.array([
            [140, 0, 0, 70, 0, 0],
            [0, 156, 22 * L, 0, 54, -13 * L],
            [0, 22 * L, 4 * L ** 2, 0, 13 * L, -3 * L ** 2],
            [70, 0, 0, 140, 0, 0],
            [0, 54, 13 * L, 0, 156, -22 * L],
            [0, -13 * L, -3 * L ** 2, 0, -22 * L, 4 * L ** 2]
        ]) * (rho * A * L / 420)
        return m_

    def get_transpose(self):
        """计算坐标变换矩阵"""
        cosa = (self.nodes[0][0] - self.nodes[1][0]) / self.beam_length
```

```
        sina = (self.nodes[0][1] - self.nodes[1][1]) / self.beam_length
        transpose = np.array([
            [cosa, sina, 0, 0, 0, 0],
            [-sina, cosa, 0, 0, 0, 0],
            [0, 0, 1, 0, 0, 0],
            [0, 0, 0, cosa, sina, 0],
            [0, 0, 0, -sina, cosa, 0],
            [0, 0, 0, 0, 0, 1]])
        return transpose


class Structure:
    """结构类"""

    def __init__(self):
        self.nodes = []
        self.elements = []  # 单元列表，下标就是单元编号
        self.K = []  # 整体刚度矩阵
        self.M = []  # 整体质量矩阵

        self.C = []  # 整体阻尼矩阵
    def add_element(self, node_1, node_2):
        """添加单元"""
        if node_1 not in self.nodes:
            self.nodes.append(node_1)
        if node_2 not in self.nodes:
            self.nodes.append(node_2)
        node_id_1 = self.nodes.index(node_1)
        node_id_2 = self.nodes.index(node_2)
        freedom = np.array([node_id_1 * 3, node_id_1 * 3 + 1, node_id_1 * 3 + 2,
                    node_id_2 * 3, node_id_2 * 3 + 1, node_id_2 * 3 + 2])
        self.elements.append(Beam6(node_1, node_2, freedom))

    def add_restrain(self, restrain):
        """添加约束"""
        self.M = np.delete(self.M, restrain, axis=0)
        self.M = np.delete(self.M, restrain, axis=1)
        self.K = np.delete(self.K, restrain, axis=0)
        self.K = np.delete(self.K, restrain, axis=1)

    def get_K_C(self):
        """求解整体刚度矩阵、整体质量矩阵"""
        size = len(self.nodes)
        self.K = np.array(np.zeros((size * 3, size * 3)))
        self.M = np.array(np.zeros((size * 3, size * 3)))
        for element in self.elements:
            for i in range(6):
                for j in range(6):
                    self.K[element.freedom[i], element.freedom[j]] += element.k[i, j]
                    self.M[element.freedom[i], element.freedom[j]] += element.m[i, j]
        return

    def get_C(self):
        self.C = rayleigh(self.M, self.K, 0.05)
```

【例 3-2】如图 3-6 所示均匀悬臂梁，长度为 L，截面抗弯刚度为 EI，质量线密度为 m，采用有限元方法将其从中间分为两个单元，结构总体的 6 个自由度如图 3-6（b）所示，两个单元的局部自由度如图 3-6（c）所示，并采用一致质量矩阵，试计算结构的整体刚度矩阵和整体质量矩阵。

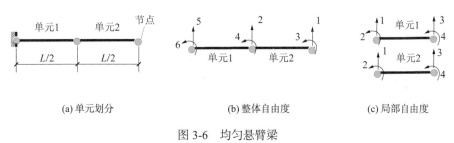

(a) 单元划分　　　　　　　(b) 整体自由度　　　　　　　(c) 局部自由度

图 3-6　均匀悬臂梁

【解】Python 程序实现如下：

```
if __name__ == "__main__":
    structure = Structure()  # 创建结构对象
    L = 1
    structure.add_element((0, 0), (0, 0.5 * L))  # 添加单元
    structure.add_element((0, 0.5 * L), (0, L))  # 添加单元
    structure.get_K_C()  # 组装未经过约束的刚度矩阵
    structure.add_restrain([0, 1, 2])
    structure.get_C()
    print("整体刚度矩阵为:")
    print(structure.K)
    print("整体质量矩阵为:")
    print(structure.M)
    print("整体阻尼矩阵为:")
    print(structure.C)
```

程序输出结果如下：

整体刚度矩阵为:
```
[[ 192.   0.   0.-96.   0.  24.]
 [   0.   4.   0.   0.  -2.   0.]
 [   0.   0.  16. -24.   0.   4.]
 [ -96.   0. -24.  96.   0. -24.]
 [   0.  -2.   0.   0.   2.   0.]
 [  24.   0.   4. -24.   0.   8.]]
```
整体质量矩阵为:
```
[[0.5  0.   0.   0.   0.   0. ]
 [0.   0.5  0.   0.   0.   0. ]
 [0.   0.   0.   0.   0.   0. ]
 [0.   0.   0.   0.25 0.   0. ]
 [0.   0.   0.   0.   0.25 0. ]
 [0.   0.   0.   0.   0.   0. ]]
```
整体阻尼矩阵为:
```
[[ 4.14800677 0.          0          .-2.04823324 0.          0.51205831]
 [ 0.          0.13688334 0.          0.         -0.04267153 0.        ]
 [ 0.          0.          0.34137221 -0.51205831 0.          0.08534305]
 [-2.04823324 0.         -0.51205831 2.07400338 0.         -0.51205831]
 [ 0.         -0.04267153 0.          0.          0.06844167 0.        ]
 [ 0.51205831 0.          0.08534305 -0.51205831 0.          0.1706861 ]]
```

3.3.2　结构的阻尼矩阵

阻尼不但对结构的动力反应有重要的影响，对计算方法也产生影响。结构的阻尼矩阵 $[C]$ 由 c_i 组成，c_i 为第 i 层阻尼。但对一个实际的结构，c_i 很难确定，一般通过实测阻尼比得

到。按照是否满足振型正交条件，将阻尼划分为经典阻尼和非经典阻尼。

1）经典阻尼

满足振型正交条件的阻尼称为经典阻尼，即振型关于阻尼矩阵满足

$$\{\phi\}_m^{\mathrm{T}}[C]\{\phi\}_n = 0 \qquad (m \neq n) \tag{3-33}$$

式中，$\{\phi\}_m$ 和 $\{\phi\}_n$ 分别表示结构第 m 阶和第 n 阶振型。

构造阻尼矩阵的目的是在进行动力分析时，对存在阻尼（速度）的耦联项实行解耦，从而便于动力方程的求解。常见的经典阻尼有 Rayleigh 阻尼和 Caughey 阻尼。

（1）Rayleigh 阻尼。Rayleigh 阻尼的形式简单、构造方便，因而在结构动力分析中得到广泛应用，表达式为

$$[C] = a_0[M] + a_1[K] \tag{3-34}$$

式中，a_0、a_1 是比例系数，且

$$\begin{Bmatrix} a_0 \\ a_1 \end{Bmatrix} = \frac{2\omega_i\omega_j}{\omega_j^2 - \omega_i^2} \begin{bmatrix} \omega_j & -\omega_i \\ -\dfrac{1}{\omega_j} & \dfrac{1}{\omega_i} \end{bmatrix} \begin{Bmatrix} \xi_i \\ \xi_j \end{Bmatrix} \tag{3-35}$$

式中，ω_i、ω_j、ξ_i、ξ_j 分别表示结构第 i、j 频率和阻尼比。

工程上一般取各振型阻尼比相同，当振型阻尼比 $\xi_i = \xi_j = \xi$ 时，式(3-35)简化为

$$\begin{Bmatrix} a_0 \\ a_1 \end{Bmatrix} = \frac{2\xi}{\omega_i + \omega_j} \begin{Bmatrix} \omega_i\omega_j \\ 1 \end{Bmatrix} \tag{3-36}$$

确定 Rayleigh 阻尼的原则是：选择的两个用于确定常数 a_0 和 a_1 的频率点 ω_i 和 ω_j，一般应覆盖结构分析中感兴趣的频段，通常取 $\omega_i = \omega_1$。一般情况下，感兴趣的频段应包含或覆盖对结构动力反应有重要影响的频率（频段）。

表 3-1 给出了一般情况下工程中钢筋混凝土结构和木结构阻尼比的推荐值。

阻尼比推荐值　　　　　　　　　　　　　　　　　　　表 3-1

应力水平	结构类型和构造	阻尼比ξ（%） （限于线弹性范围）
工作应力不超过 1/2 屈服点	预应力混凝土结构 质量好的钢筋混凝土结构（仅有微裂缝）	2～3
	有一定裂纹的钢筋混凝土	3～5
	钉或螺栓连接的木结构	5～7
工作应力接近屈服点	预应力钢筋混凝土（预应力未完全损失）	5～7
	预应力钢筋混凝土（预应力已损失）	7～10
	钢筋混凝土	7～10
	螺栓连接的木结构	10～15
	钉连接的木结构	15～20

Rayleigh 阻尼矩阵的 Python 源代码实现如下：

```
def rayleigh(mass, stiffness, damping_ratio=0.05, seq=(0, 1)):
    """
    计算 Rayleigh 阻尼的函数, 输入结构的质量矩阵、
    刚度矩阵、阻尼比和'感兴趣'的振型序列号, 输出 Rayleigh 阻尼
    Parameters
    ----------
    mass 质量矩阵, 二维数组
    stiffness 刚度矩阵, 二维数组
    damping_ratio 阻尼比, 浮点数/一维数组
    seq 序列号列阵, 整数元组

    Returns Rayleigh 阻尼矩阵, 二维数组
    -------

    """
    # 计算 w^2
    omega = np.real(eig(stiffness, mass)[0])
    # 加上 real() 是因为 eig 计算结果有虚部, 但该问题中理论上没有虚数, 使用 real() 去除虚部

    omega = np.sort(omega)   # 使频率按照升序排列

    # 计算两个频率
    omega_i = np.sqrt(omega[seq[0]])
    omega_j = np.sqrt(omega[seq[1]])
    omega_temp = np.array(
        [[omega_j, -omega_i],
         [-1 / omega_j, 1 / omega_i]]
    )

    # 计算 Rayleigh 阻尼的 a,b
    if type(damping_ratio) == np.array:
        # 提供了变阻尼比的构造方式
        a = 2 * omega_i * omega_j / (omega_j ** 2 - omega_i ** 2) * omega_temp @
damping_ratio
        b = a[1, 0]
        a = a[0, 0]
    else:
        a = 2 * omega_i * omega_j / (omega_i + omega_j) * damping_ratio
        b = 2 * damping_ratio / (omega_i + omega_j)
    if damping_ratio == 0:
        a, b = 0, 0
    # 计算阻尼矩阵
    c = a * mass + b * stiffness
    return c
```

（2）Caughey 阻尼。Rayleigh 阻尼两个频率点上满足等于给定的阻尼比, 当感兴趣的频率段过宽时, 若希望在更多的频率点上满足等于给定的阻尼比, 则必须构造更多项的线性组合, 表达式为

$$[C] = a_0[M] + a_1[K] + a_2[K][M]^{-1}[K] + \cdots = [M]\sum_{l=0}^{L-1} a_l([M]^{-1}[K])^l \tag{3-37}$$

其中共有 L 个比例系数 a_0、a_1、$\cdots$、a_{L-1} 需要确定。

将式(3-37)左乘 $\{\phi\}_n^{\mathrm{T}}$, 右乘 $\{\phi\}_n$, 并利用振型方程 $[M]^{-1}[K]\{\phi\}_n = \omega_n^2\{\phi\}_n$ 可以得到

$$\xi_n = \frac{1}{2}\sum_{l=0}^{L-1} a_l \omega_n^{2l-1} \tag{3-38}$$

将 L 个已确定的振型阻尼比 ξ 和自振频率 ω 分别代入式(3-38), 则可得到 L 个关于系数 a_0、

a_1、$\cdots$、a_{L-1}的代数方程组。

Caughey 阻尼矩阵的 Python 源代码实现如下:

```python
def caughey(mass, stiffness, damping_ratio=0.05, seq=None):
    """
    计算 Caughey 阻尼的函数，输入结构的质量矩阵、刚度矩阵、阻尼比列阵、序列号列阵，输出 Caughey 阻尼。需要
    注意的是，Caughey 阻尼函数必须输入阻尼比，当序列号列阵没有输入时，默认采用全部频率的阻尼比构造阻尼矩阵。
    Parameters
    ----------
    mass 质量矩阵，二维数组
    stiffness 刚度矩阵，二维数组
    damping_ratio 阻尼比，浮点数
    seq 序列号，整数元组

    Returns caughey 阻尼矩阵，二维数组
    -------

    """

    # 如果没有输入阻尼序列，默认使用全部阻尼构造阻尼矩阵
    if not seq:
        seq = np.arange(0, len(mass), 1, dtype='i')

    # 参数初始化
    freedom = len(mass)
    length = len(seq)
    c = np.zeros((freedom, freedom))  # 初始化阻尼矩阵
    damping_ratio = damping_ratio * np.ones(length)
    omega_n = np.zeros((length, length))  # 初始化频率矩阵
    omega = np.real(eig(stiffness, mass)[0])  # 计算 w^2
    # 加上 real() 是因为 eig 计算结果有虚部，但该问题中理论上没有虚数，使用 real() 去除虚部
    omega = np.sort(omega)  # 使频率按照升序排列
    omega = np.sqrt(omega)  # 计算真实频率,开方

    # a = 2*(omega_n^-1)*zeta
    # 构造 omega_n 矩阵
    for i in range(length):
        for j in range(length):
            omega_n[i, j] = omega[seq[i]] ** (2 * (j + 1) - 3)
    a = 2 * inv(omega_n) @ damping_ratio

    # 构造阻尼矩阵
    for i in range(length):
        c = c + a[i] * mass @ (inv(mass) @ stiffness) ** i

    return c
```

【例 3-3】某三层结构，第 1~3 层的质量分别为 2762kg、2760kg、2300kg，刚度分别为 2.485×10^4N/m、1.921×10^4N/m、1.522×10^4N/m，当采用层剪切模型时，结构的阻尼比为 0.05，试求解该结构的 Rayleigh 阻尼矩阵和 Caughey 阻尼矩阵。

【解】Python 程序实现如下:

```python
if __name__ == "__main__":
    from libs.layer_shear import LayerShear
    m = np.array([2762, 2760, 2300])
    k = np.array([2.485, 1.921, 1.522]) * 1e4
    layer_shear = LayerShear(m, k)
    c_r = rayleigh(layer_shear.m, layer_shear.k, 0.05)
```

```
c_c = caughey(layer_shear.m, layer_shear.k, 0.05, [0, 1])
print("Rayleigh 阻尼矩阵为:")
print(c_r)
print("Caughey 阻尼矩阵为:")
print(c_c)
```

程序输出结果如下:

```
Rayleigh 阻尼矩阵为:
[[1212.31931955 -416.22765802    0.        ]
 [-416.22765802 1003.47723406 -329.77537507]
 [   0.         -329.77537507  544.33720921]]
Caughey 阻尼矩阵为:
[[1212.31931955 -416.22765802    0.        ]
 [-416.22765802 1003.47723406 -329.77537507]
 [   0.         -329.77537507  544.33720921]]
```

2) 非经典阻尼

不满足振型正交条件的阻尼称为非经典阻尼。当结构的振型不满足关于阻尼矩阵正交的条件时, 采用振型坐标变换后得到的方程是一组耦合的运动方程。关于非正交阻尼的解决方法, 除对阻尼进行近似处理 (正交化) 或复模态方法外, 还可以采用迭代算法等。

若结构的各部分由不同材料组成, 如部分钢结构、部分混凝土结构, 需要考虑土-结构相互作用, 或者在结构中设置有阻尼器, 那么结构的两部分或更多部分的阻尼会存在明显的差异, 经典阻尼的假设便不再成立。通常可以将结构按不同阻尼分成几个子结构, 每个子结构中的阻尼仍满足经典阻尼, 然后将子结构的阻尼矩阵集成为结构的总阻尼矩阵即可。

如图 3-7 所示结构, 子结构 1 中第 $1\sim r$ 层的阻尼比为 ξ_1, 子结构 2 中第 $r+1$ 层~第 n 层的阻尼比为 ξ_2, 若该结构为层剪切模型, 则结构的整体质量矩阵和刚度矩阵分别可以表达为

$$\boldsymbol{M} = \begin{bmatrix} \boldsymbol{M}_1 & \boldsymbol{0} \\ \boldsymbol{0} & \boldsymbol{M}_2 \end{bmatrix}, \ \boldsymbol{K} = \begin{bmatrix} \boldsymbol{K}_1 & \boldsymbol{K}_3 \\ \boldsymbol{K}_4 & \boldsymbol{K}_2 \end{bmatrix}, \ \boldsymbol{C} = \begin{bmatrix} \boldsymbol{C}_1 & \boldsymbol{C}_3 \\ \boldsymbol{C}_4 & \boldsymbol{C}_2 \end{bmatrix} \tag{3-39}$$

式中,

$$\boldsymbol{M}_1 = \begin{bmatrix} m_1 & & 0 \\ & \ddots & \\ 0 & & m_r \end{bmatrix}, \ \boldsymbol{M}_2 = \begin{bmatrix} m_{r+1} & & 0 \\ & \ddots & \\ 0 & & m_n \end{bmatrix}, \ \boldsymbol{K}_3 = \boldsymbol{K}_4^{\mathrm{T}} = \begin{bmatrix} 0 & \cdots & & 0 \\ \vdots & \ddots & & \vdots \\ 0 & 0 & & \\ -k_{r+1} & 0 & \cdots & 0 \end{bmatrix}$$

$$\boldsymbol{K}_1 = \begin{bmatrix} k_1+k_2 & -k_2 & 0 & 0 & 0 \\ -k_2 & k_2+k_3 & -k_3 & 0 & 0 \\ 0 & \ddots & \ddots & \ddots & 0 \\ 0 & 0 & -k_{r-1} & k_{r-1}+k_r & -k_r \\ 0 & 0 & 0 & -k_r & k_r+k_{r+1} \end{bmatrix}$$

$$\boldsymbol{K}_2 = \begin{bmatrix} k_{r+1}+k_{r+2} & -k_{r+2} & 0 & 0 & 0 \\ -k_{r+2} & k_{r+2}+k_{r+3} & -k_{r+3} & 0 & 0 \\ 0 & \ddots & \ddots & \ddots & 0 \\ 0 & 0 & -k_{n-1} & k_{n-1}+k_n & -k_n \\ 0 & 0 & 0 & -k_n & k_n \end{bmatrix}$$

从式(3-39)可以看出, 子结构 1、2 的质量矩阵 $\boldsymbol{M}_1$、$\boldsymbol{M}_2$ 以及子结构 2 的刚度矩阵 $\boldsymbol{K}_2$ 与层剪切结构的质量矩阵和刚度矩阵完全相同; 子结构 1 的刚度矩阵 $\boldsymbol{K}_1$ 与层剪切结构的刚度

矩阵不同，但区别仅在第(r,r)个元素多了一项k_{r+1}。

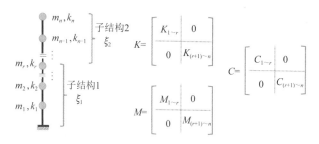

图 3-7　不同子结构的层剪切模型

整个结构的阻尼为 Rayleigh 阻尼，则

$$C = aM + bK \tag{3-40}$$

将阻尼矩阵C也写成 4 个子矩阵

$$C = \begin{bmatrix} C_1 & C_3 \\ C_4 & C_2 \end{bmatrix} \tag{3-41}$$

式中，各子矩阵$C_i = a_i M_i + b_i K_i$。对于C_2，由于M_2、K_2表示第$(r+1)\sim n$层的结构质量矩阵和刚度矩阵，表达式与一般剪切型结构完全相同，按照 Rayleigh 阻尼可以得到

$$C_2 = a_2 M_2 + b_2 K_2 \tag{3-42}$$

同样，对于C_3和C_4，由于$M_3 = M_4 = 0$，而K_3、K_4仅有一个非零元素$-k_{r+1}$，由于第$r+1$层的阻尼比为ξ_2，可按 Rayleigh 阻尼得到

$$C_3 = C_4^{\mathrm{T}} = b_2 K_3 \tag{3-43}$$

比较特别的是C_1，由于子矩阵K_1与一般剪切型结构的刚度矩阵相比，在第(r,r)个元素多了一项，可将K_1写成$\overline{K}_{\mathrm{r}}$。

$$K_3 = \overline{K}_1 + \overline{K}_{\mathrm{r}} \tag{3-44}$$

式中，$\overline{K}_1 = \begin{bmatrix} k_1 + k_2 & -k_2 & 0 & 0 & 0 \\ -k_2 & k_2 + k_3 & -k_3 & 0 & 0 \\ 0 & \ddots & \ddots & \ddots & 0 \\ 0 & 0 & -k_{r-1} & k_{r-1} + k_r & -k_r \\ 0 & 0 & 0 & -k_r & k_r \end{bmatrix}$，$\overline{K}_{\mathrm{r}} = \begin{bmatrix} 0 & \cdots & & 0 \\ \vdots & \ddots & & \vdots \\ 0 & 0 & & 0 \\ 0 & 0 & \cdots & k_{r+1} \end{bmatrix}$。

按照分区 Rayleigh 阻尼的叠加关系，有

$$C_1 = a_1 M_1 + b_1 \overline{K}_1 + b_2 \overline{K}_{\mathrm{r}} \tag{3-45}$$

涉及的比例系数a_1，b_1，a_2，b_2可通过式(3-35)计算得到。

以上证明推导了具有两个子结构的情况下，非比例阻尼矩阵的构造方法。接下来通过递归的方式推导具有n个子结构的情况。

观察阻尼矩阵C的构造方法，发现只有C_1相对于其他元素需要特殊处理。对于式(3-45)而言，前两项$a_1 M_1 + b_1 \overline{K}_1$在形式上与 Rayleigh 阻尼的构造形式基本一致，只不过a_1、b_1均为已知。

接下来针对具有n个子结构的情况，推导其阻尼矩阵的计算方法。

首先将前$n-1$个子结构当成一个大的子结构，将第n个子结构当成一个小的子结构，此时问题转化成两个子结构的问题。需要注意的是，为了保证拆分具有递归特性，只能从

第n个子结构开始，一次拆分一个子结构。

其计算公式可以写成以下形式：

$$C_n = \begin{bmatrix} C_{1,n} & C_{3,n} \\ C_{4,n} & C_{2,n} \end{bmatrix}, \quad C_{2,n} = a_{2,n}M_{2,n} + b_{2,n}K_{2,n}, \quad C_{3,n} = C_{4,n}^{\mathrm{T}} = b_{2,n}K_{3,n} \tag{3-46}$$

式中，C_n表示将第n个子结构拆分前，包含n个子结构的总体阻尼矩阵；$C_{i,n}(i=1,2,3,4)$表示按照规则拆分子结构后，构成C_n的各分块矩阵。

但是，$C_{i,n}$不能直接按照式(3-45)计算，需要进行递归计算。参考式(3-45)和式(3-46)，只需要将$C_{i,n}$中的$\overline{K}_{\mathrm{r},n}$项提取出来，剩下的部分就可以进行下一步递归计算。计算公式为：

$$C_{1,n} = C_{n-1} + b_2\overline{K}_{\mathrm{r},n} \tag{3-47}$$

按照以上公式进行计算，直到子结构无法拆分。

以上介绍的非经典阻尼矩阵的构造方法也可以用于处理阻尼分布更为复杂的结构，形成单元的 Rayleigh 阻尼矩阵，从而集成结构总体阻尼矩阵。非经典阻尼矩阵的 Python 源代码实现如下：

```python
def damping_nonclassical(mass,
                         stiffness,
                         shear_stiffness,
                         child_damping_ratio,
                         child_shear_num,
                         omega_i=0,
                         omega_j=0):
    """
    非比例阻尼计算程序，采用了递归的思路，需要特别说明的是，child_damping_ratio 列表存放的阻尼比应该从结
    构的高层向低层排序
    Parameters
    ----------
    mass 质量矩阵，二维数组
    stiffness 刚度矩阵，二维数组
    shear_stiffness 各层刚度，一维数组
    child_damping_ratio 子结构阻尼比，一维数组
    child_shear_num 子结构起始与结束层编号，一维数组
    omega_i
    omega_j

    Returns 非比例阻尼
    -------

    """
    # 如果开始没有给出频率，需要自己计算频率
    if omega_i == 0:
        omega = np.real(eig(stiffness, mass)[0])
        omega = np.sort(omega)
        omega_i = np.sqrt(omega[0])
        omega_j = np.sqrt(omega[1])

    if len(child_damping_ratio) == 1:
        # 如果阻尼比列表长度为 1，说明当前的结构已经最简化
        a = 2 * omega_i * omega_j / (omega_i + omega_j) * child_damping_ratio[0]
        b = 2 * child_damping_ratio[0] / (omega_i + omega_j)
        return a * mass + b * stiffness

    else:
        # 按照 child_shear_num[-1]的指示来分块
        flag = child_shear_num[-1]
```

```
child_mass_1 = mass[:flag, :flag]
child_mass_4 = mass[flag:, flag:]
child_stiffness_1 = stiffness[:flag, :flag]
child_stiffness_2 = stiffness[:flag, flag:]
child_stiffness_4 = stiffness[flag:, flag:]

# 迭代
stiffness_r = np.zeros((len(child_mass_1), len(child_mass_1)))
stiffness_r[-1, -1] = shear_stiffness[flag]  # 提取出 K_r
damping_1 = damping_nonclassical(child_mass_1,
                    child_stiffness_1 - stiffness_r,
                    shear_stiffness,
                    child_damping_ratio[:-1],
                    child_shear_num[:-1],
                    omega_i,
                    omega_j)  # 递归

# 计算 Rayleigh 阻尼的 a,b
a = 2 * omega_i * omega_j / (omega_i + omega_j) * child_damping_ratio[-1]
b = 2 * child_damping_ratio[-1] / (omega_i + omega_j)
damping_1 = damping_1 + b * stiffness_r
damping_2 = b * child_stiffness_2
damping_3 = damping_2.T
damping_4 = a * child_mass_4 + b * child_stiffness_4

# 将阻尼矩阵拼接好
damping_temp1 = np.vstack((damping_1, damping_3))
damping_temp2 = np.vstack((damping_2, damping_4))

return np.hstack((damping_temp1, damping_temp2))
```

【例 3-4】某三层结构，第 1～3 层的质量分别为 2762kg、2760kg、2300kg，刚度分别为 2.485×10^4N/m、1.921×10^4N/m、1.522×10^4N/m，当采用层剪切模型时，结构第 1、2 层的阻尼比为 0.05，第 3 层的阻尼比为 0.02，试求解该结构的非经典阻尼矩阵。

【解】Python 程序实现如下：

```
if __name__ == "__main__":
    m = np.array([2762, 2760, 2300])
    k = np.array([2.485, 1.921, 1.522]) * 1e4
    layer_shear = LayerShear(m, k)
    c_n = damping_nonclassical(layer_shear.m, layer_shear.k, k, [0.05, 0.02], [1, 2])
    print("非经典阻尼矩阵为:")
    print(c_n)
```

程序输出结果如下：

```
非经典阻尼矩阵为:
[[1212.31931955 -416.22765802    0.        ]
 [-416.22765802  805.61200902 -131.91015003]
 [   0.         -131.91015003  217.73488368]]
```

3.4 等效节点荷载

如果确定性外荷载 $p_i(t)(i = 1,2,3,4)$直接施加在单元两个节点的四个自由度之上，则可直接写出单元外荷载向量

$$\{p(t)\}_e = \begin{Bmatrix} p_1(t) \\ p_2(t) \\ p_3(t) \\ p_4(t) \end{Bmatrix} \tag{3-48}$$

式中，$p_2(t)$和$p_4(t)$为作用于转动自由度上的弯矩。

如果确定性外荷载是作用于梁上的节点间荷载［如分布荷载$p(x,t)$和集中荷载$p'_j(t)$］，则由此产生的作用于第i个自由度的等效节点荷载为

$$p_i(t) = \int_0^L p(x,t)\psi_i(x)\,\mathrm{d}x + \sum_j p'_j \psi_i(x_j) \tag{3-49}$$

如果式(3-49)中选取的插值函数与用于推导刚度矩阵时的插值函数相同，得到的节点荷载称为一致节点荷载。将4×1的单元节点力向量扩展为6×1的节点力向量，最后通过坐标转换矩阵和总装，即可形成结构体系的总体外荷载向量。

特别地，在给定的地震波作用下

$$\boldsymbol{p}(t) = -\boldsymbol{ME}\ddot{u}_g(t) \tag{3-50}$$

式中，$\boldsymbol{M}$和$\ddot{u}_g(t)$分别为结构的质量矩阵和地震波加速度向量。

若$\ddot{u}_g(t)$为一维的地震波$\ddot{u}_g(t) = \ddot{u}_g(t)$，则$\boldsymbol{E} = (1,\cdots,1)^{\mathrm{T}}$；若$\ddot{u}_g(t)$为二维的地震波，即$\ddot{u}_g(t) = \left(\ddot{u}_{gx}(t), \ddot{u}_{gy}(t)\right)^{\mathrm{T}}$，则$\boldsymbol{E} = \begin{bmatrix} \boldsymbol{I}_{n\times1} & \boldsymbol{0}_{n\times1} \\ \boldsymbol{0}_{n\times1} & \boldsymbol{I}_{n\times1} \end{bmatrix}$；若$\ddot{u}_g(t)$为三维的地震波，即$\ddot{u}_g(t) = \left(\ddot{u}_{gx}(t), \ddot{u}_{gy}(t), \ddot{u}_{gz}(t)\right)^{\mathrm{T}}$，则$\boldsymbol{E} = \begin{bmatrix} \boldsymbol{I}_{n\times1} & \boldsymbol{0}_{n\times1} & \boldsymbol{0}_{n\times1} \\ \boldsymbol{0}_{n\times1} & \boldsymbol{I}_{n\times1} & \boldsymbol{0}_{n\times1} \\ \boldsymbol{0}_{n\times1} & \boldsymbol{0}_{n\times1} & \boldsymbol{I}_{n\times1} \end{bmatrix}$

此外，在进行地震响应分析时，需要对地震波的加速度峰值进行调整，调整的方法是对每个时刻地震波的幅值乘以增大系数α

$$\alpha = \frac{a_{\max}}{a'_{\max}} \tag{3-51}$$

式中，$a_{\max}$为调整后的最大加速度峰值，$a'_{\max}$为实际地震波数据中的最大加速度峰值。

在实际的地震工程分析中，通常从美国 PEER 地震动数据中心（PEER Ground Motion Database）网站下载满足分析需要的地震波。PEER 地震波的原始格式如下：

```
PEER NGA STRONG MOTION DATABASE RECORD
San Fernando, 2/9/1971, Santa Felita Dam (Outlet), 172
ACCELERATION TIME SERIES IN UNITS OF G
NPTS=  8000, DT=  .0050 SEC,
  -.2156743E-02  -.2035627E-02  -.1867093E-02  -.1673936E-02  -.1499606E-02
  -.1405522E-02  -.1459076E-02  -.1720580E-02  -.2210204E-02  -.2891393E-02
  -.3694391E-02  -.4516321E-02  -.5234335E-02  -.5747719E-02  -.6031081E-02
  -.6123414E-02  -.5975702E-02  -.5497219E-02  -.4628957E-02  -.3375280E-02
  -.1779633E-02   .5807766E-04   .1990137E-02   .3925275E-02   .5906072E-02
```

由于许多通用软件所支持的地震波格式与 PEER 地震波格式并不一致，为此需要将 PEER 格式的地震波处理成时程数组，相对应的 Python 源程序实现如下：

```python
def read_quake_wave(file_name):
    """
    地震波读取函数
    Parameters
    ----------
    file_name 文件名称

    Returns 地震动加速度数组，采样间隔
```

```
-------

"""
with open(file_name, 'r') as fp:
    lines = fp.readlines()
delta_time = eval(re.findall(r"\.[0-9]*", lines[3])[0])  # 提取采样间隔
quake_wave = []
for i in range(4, len(lines)):
    temp = re.findall(r"[-\.]+[0-9]+E[-+][0-9]+", lines[i])  # 提取加速度数值
    for j in temp:
        quake_wave.append(eval(j))
return np.array(quake_wave), delta_time
```

【例 3-5】读取 PEER 数据库中地震波 RSN88 的加速度、速度和位移时程数据，并绘制相应的地震波时程曲线。

【解】Python 程序实现如下：

```
if __name__ == "__main__":
    at2 = read_quake_wave("../../res/RSN88_SFERN_FSD172.AT2")
    dt2 = read_quake_wave("../../res/RSN88_SFERN_FSD172.DT2")
    vt2 = read_quake_wave("../../res/RSN88_SFERN_FSD172.VT2")
    # wave_figure 函数为自定义绘图函数，在 libs 文件夹的 figtools.py 文件中
    wave_figure(at2, "acc/g", save_file="acc.svg")
    wave_figure(dt2, "dpm/cm", y_tick=6, save_file="dpm.svg")
    wave_figure(vt2, r"vel/cm •s$^{-1}$", y_tick=6, save_file="vel.svg")
```

程序输出结果如图 3-8 所示。

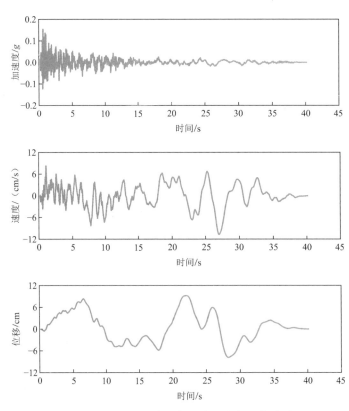

图 3-8 RSN88 地震波的加速度、速度和位移时程

《第4章》

结构动力特性计算

结构自由振动分析主要包括结构自振频率和振型的求解。自振频率和振型属于结构的重要动力特性，也是采用振型叠加法求解多自由度体系动力反应的重要基础。对大型结构而言，要求解得到规定要求阶数的自振频率和振型，完全利用行列式方程的解法是困难的。本章主要介绍几种常用的结构动力特性计算方法，如 Rayleigh 法、Rayleigh-Ritz 法、荷载相关的 Ritz 向量法、矩阵迭代法、子空间迭代法、Lanczos 法、Dunkerley 法和 Jacobi 迭代法。

4.1 Rayleigh 法

Rayleigh 法的基本原理是能量守恒定律。对任意的保守系统，其振动频率可以通过假设结构在基本模态中的变形形状和运动幅值（广义坐标）的变化规律，根据结构振动过程中的最大应变能与最大动能相等的原则计算得到。

将结构的位移用假设的振型和广义坐标幅值来表示：

$$\{u(t)\} = \{\psi\}z(t) = \{\psi\}Z\sin\omega t \tag{4-1}$$

式中，$\{\psi\} = \{\psi_1 \quad \psi_2 \quad \cdots \quad \psi_N\}^{\mathrm{T}}$ 为假设振型向量；$z(t) = Z\sin\omega t$ 为广义坐标；N 为结构的自由度数。

由式(4-1)可得速度向量为：

$$\{\dot{u}(t)\} = \{\psi\}Z\omega\cos\omega t \tag{4-2}$$

由式(4-1)和式(4-2)可得结构的动能和应变能分别为

$$T = \frac{1}{2}\{\dot{u}\}^{\mathrm{T}}[M]\{\dot{u}\} = \frac{1}{2}Z^2\omega^2\{\psi\}^{\mathrm{T}}[M]\{\psi\}\cos^2\omega t \tag{4-3}$$

$$V = \frac{1}{2}\{u\}^{\mathrm{T}}[K]\{u\} = \frac{1}{2}Z^2\{\psi\}^{\mathrm{T}}[M]\{\psi\}\sin^2\omega t \tag{4-4}$$

根据 $T_{\max} = V_{\max}$，可以得到结构的振动频率为

$$\omega = \sqrt{\frac{\{\psi\}^{\mathrm{T}}[K]\{\psi\}}{\{\psi\}^{\mathrm{T}}[M]\{\psi\}}} = \sqrt{\frac{K^*}{M^*}} \tag{4-5}$$

定义 Rayleigh 熵为

$$\rho(\psi) = \frac{\{\psi\}^{\mathrm{T}}[K]\{\psi\}}{\{\psi\}^{\mathrm{T}}[M]\{\psi\}} = \omega^2 \tag{4-6}$$

当假设振型接近结构的基本振型时，Rayleigh 熵可表达为

$$\rho(\psi) = \frac{\{\psi\}^{\mathrm{T}}[K]\{\psi\}}{\{\psi\}^{\mathrm{T}}[M]\{\psi\}} \approx \omega_1^2 \tag{4-7}$$

若假设振型与结构的第i阶振型一致，则用 Rayleigh 法求得的频率为结构第i阶自振频率的精确值。一般情况下，最接近基本振型的假设振型是最容易确定的，因此，Rayleigh 法通常用来计算结构的第一阶频率（基本频率）。

对应 Rayleigh 法的 Python 源代码实现如下：

```
def rayleigh_psi(mass, stiffness, psi=None):
    """
    Rayleigh 振动分析方法
    Parameters
    ----------
    mass 质量矩阵
    stiffness 刚度矩阵
    psi 假设振型

    Returns 结构振动频率
    -------

    """
    if psi is None:
        length = len(mass)  # 获取矩阵的大小
        psi = np.array([1 for i in range(length)]).T
    numerator = psi.T @ stiffness @ psi
    denominator = psi.T @ mass @ psi
    omega = np.sqrt(numerator / denominator)  # 计算频率
    return omega
```

【例 4-1】某三层结构，第 1~3 层的质量分别为 2762kg、2760kg、2300kg，刚度分别为 2.485×10^4N/m、1.921×10^4N/m、1.522×10^4N/m，采用 Rayleigh 法求解该结构的基本频率。

【解】Python 程序实现如下：

```
if __name__ == "__main__":
    m = np.array([2762, 2760, 2300])
    k = np.array([2.485, 1.921, 1.522]) * 1e4
    layer_shear = LayerShear(m, k)
    [omega, phi] = eig(layer_shear.k, layer_shear.m)
    omega = omega ** 0.5
    phi1 = phi[:, -1].T
    # 使用了精确振型来计算，得到的结果应该完全一致
    omega1 = rayleigh_psi(
        layer_shear.m,
        layer_shear.k,
        phi1
    )  # 可以在这里调整假设频率的值
    print("精确频率:")
    print(omega)
    print("精确振型:")
    print(phi)
    print("计算得到的基频:")
    print(omega1)
    print("相对误差:{:.2%}".format((omega[-1].real - omega1) / omega[-1].real))
```

程序输出结果如下：

精确频率：
[4.72805851+0.j 3.31742718+0.j 1.29783555+0.j]
精确振型：
[[0.70760436 -0.61354857 -0.2797147]
 [-0.65136554 -0.43639233 -0.57381192]
 [0.27389596 0.65811844 -0.76973994]]
计算得到的基频：
1.2978355548265101
相对误差：-0.00%

4.2　Rayleigh-Ritz 法

Rayleigh 法通常用来计算结构的第一阶频率，但在结构动力分析中，为了得到足够精确的计算结果，常常需要使用一阶以上的频率和振型。Rayleigh-Ritz 法则可以求得结构前若干阶近似的固有频率和振型。

4.2.1　计算公式

Rayleigh-Ritz 法首先通过假设一组振型，要求其 Rayleigh 熵取极值，从而获得一个低阶的特征方程组，由此低阶方程组可以获得体系的一组近似的自振频率和振型。

设已知 s 个线性独立的列向量 $\{\psi\}_1, \{\psi\}_2, \cdots, \{\psi\}_s$，组成一个 $N \times s$ 阶的矩阵，它构成 N 阶多自由度体系的一组假设振型

$$[\psi] = [\{\psi\}_1 \quad \{\psi\}_2 \quad \cdots \quad \{\psi\}_s] \quad (s < N) \tag{4-8}$$

当体系按某一振型作自由振动时，设其固有振型向量可以用上述假设振型的线性组合来表示，即

$$\{\phi\} = \sum_{i=1}^{s} \{\psi\}_i Z_i = [\psi]\{Z\} \tag{4-9}$$

式中，$\{Z\} = \{Z_1 \quad Z_2 \quad \cdots \quad Z_s\}^T$ 为广义坐标向量。

则其 Rayleigh 熵可表达为

$$\rho(\psi) = \frac{\{\phi\}^T[K]\{\phi\}}{\{\phi\}^T[M]\{\phi\}} = \frac{\{Z\}^T[\psi]^T[K][\psi]\{Z\}}{\{Z\}^T[\psi]^T[M][\psi]\{Z\}} = \omega^2 \tag{4-10}$$

由式(4-10)可知，该频率计算公式是广义坐标向量 $\{Z\}$ 的函数。由于 Rayleigh 法得到的频率是固有频率的上限，其最佳逼近是使频率最小，即对 Rayleigh 熵取极值，通过依次对每一个广义坐标 $Z_i(i = 1,2,\cdots s)$ 求导，可以得到 s 个方程。

$$[\psi]^T[K][\psi]\{Z\} - \omega^2[\psi]^T[M][\psi]\{Z\} = \{0\} \tag{4-11}$$

式(4-11)可以改写成

$$([K^*] - \omega^2[M^*])\{Z\} = \{0\} \tag{4-12}$$

式中，广义刚度矩阵 $[K^*] = [\psi]^T[K][\psi]$ 和广义质量矩阵 $[M^*] = [\psi]^T[M][\psi]$ 均为 $s \times s$ 阶矩阵 $(s < N)$，对应的元素分别为 $K_{ij}^* = \{\psi\}_i^T[K]\{\psi\}_j$，$M_{ij}^* = \{\psi\}_i^T[M]\{\psi\}_j$。

可以看出，Rayleigh-Ritz 法是将用几何坐标表示的 N 个自由度体系转化为用 s 个广义坐标和相应的假设振型表示的 s 个自由度体系。

4.2.2　计算步骤

（1）选取s个假设振型$\{\psi\}_1,\{\psi\}_2,\cdots,\{\psi\}_s$，一般称其为 Ritz 基；

（2）计算得到广义刚度矩阵$[K^*]=[\psi]^{\mathrm{T}}[K][\psi]$和广义质量矩阵$[M^*]=[\psi]^{\mathrm{T}}[M][\psi]$；

（3）求解矩阵特征值方程$([K^*]-\omega^2[M^*])\{Z\}=\{0\}$，计算得到$s$个特征值$\omega_1^2,\omega_2^2,\cdots,\omega_s^2$和对应的特征向量$\{Z\}_1,\{Z\}_2,\cdots,\{Z\}_s$；

（4）求得与固有频率相对应的振型$\{\phi\}_i=\sum\limits_{i=1}^{s}\{\psi\}_j Z_{ij}=[\psi]\{Z\}_j\quad(i=1,2,\cdots,s)$

对应 Rayleigh-Ritz 法的 Python 源代码实现如下：

```python
def rayleigh_ritz(mass, stiffness, psi=1, load=None):
    """
    Rayleigh_Ritz 法计算程序。在外界没有给出假设振型的情况下，程序会自行计算一组合理的假设振型，计算方法属
于 Ritz 直接法，为荷载相关法。当外界连最基本的荷载都没有给出时，会自行在每个自由度生成大小为 1 的荷载，构成荷
载列阵。
    Parameters
    ----------
    mass 质量矩阵
    stiffness 刚度矩阵
    psi 接受两种参数，当 phi 输入为 int 类型时，程序自动根据输入的值生成一组假设振型。当 phi 输入为 ndarray
类型时，程序直接读取假设振型。
    load 用于生成 Ritz 向量的初始荷载

    Returns 一组频率，对应 phi
    -------

    """
    if type(psi) == int:
        # 生成假设振型
        psi, alpha, beta = load_depended_ritz_vector(mass, stiffness, psi, load)
    # 进行刚度矩阵和质量矩阵缩减
    stiffness_reduce = psi.T @ stiffness @ psi
    mass_reduce = psi.T @ mass @ psi
    # 解矩阵特征值问题
    [omega, gene_crd] = eig(stiffness_reduce, mass_reduce)
    omega = np.sqrt(omega)
    gene_crd = np.array(gene_crd)
    phi = np.zeros((len(mass), psi.shape[1]))
    # 求固有振型
    phi[:, 0] = psi @ gene_crd[:, 0]
    for i in range(1, psi.shape[1]):
        phi_temp = psi @ gene_crd[:, i]
        phi[:, i] = phi_temp
    return omega.real, phi
```

【例4-2】仍以例 4-1 的结构为对象，采用 Rayleigh-Ritz 法求解该结构的频率和振型。

【解】Python 程序实现如下：

```python
if __name__ == "__main__":
    m = np.array([2762, 2760, 2300])
    k = np.array([2.485, 1.921, 1.522]) * 1e4
    layer_shear = LayerShear(m, k)
    [omega, phi] = eig(layer_shear.k, layer_shear.m)
    phi_1 = np.array([[0.5, 1.0, 1.5], [-1.0, -1.0, 1.0]]).T  # 这里的振型是任意给出的
```

```
omega_1, phi_1 = rayleigh_ritz(layer_shear.m, layer_shear.k, phi_1)
print("精确频率为:")
print(np.sqrt(omega))
print("频率为:")
print(omega_1)
print("振型为:")
print(phi_1)
```

程序输出结果如下:

```
精确频率为:
[4.72805851+0.j 3.31742718+0.j 1.29783555+0.j]
频率为:
[1.30116043 3.33665695]
振型为:
[[-0.55386967 -0.92772137]
 [-1.05312339 -0.8636794 ]
 [-1.4431452   1.18388923]]
```

4.3　荷载相关的 Ritz 向量法

在多自由度分析的振型叠加法中,采用的振型向量是结构的自由振动振型,这种振型仅与结构的性质有关,而与外荷载无关。振型叠加法的收敛速度将受到外荷载作用形式(分布形式)的影响,当外荷载引起的振动以低阶振型为主时,计算分析收敛较快,而振动以高阶振型为主时则收敛较慢,有时还存在对结构反应没有贡献的低阶振型(如果实际反应中这阶振型不被激发)。

当外力引起的结构反应接近低阶振型时,在振型叠加法中采用前几阶振型即可获得精度良好的分析结果;但如果外力激起的结构反应具有较高振型,采用少量的振型将会导致较大的误差。由于传统振型叠加法的精度受荷载分布形式影响大,为克服这个缺点并提高其收敛速度和精度,可采用与外荷载相关的 Ritz 向量法。

4.3.1　Ritz 向量的计算

如果外荷载为分布荷载,则可以表示成如下形式:

$$\{p(t)\} = \{S\}p(t) \tag{4-13}$$

式中,$\{p(t)\}$为作用在结构上的外荷载向量;$\{S\}$与时间无关的常向量,表示荷载的空间分布形式;$p(t)$为标量函数,代表力函数随时间变化的规律。实际问题中的很多荷载和作用可以表示成分布荷载的形式,如地震作用等。利用$\{S\}$可以构造出一系列正交的 Ritz 向量。

(1)第 1 阶 Ritz 向量的计算

第 1 阶 Ritz 向量$\{\psi\}_1$定义为由$\{S\}$作为静力作用在结构上引起的静位移,

$$[K]\{y\}_1 = \{S\} \tag{4-14}$$

由式(4-14)可求得$\{y\}_1$,再将向量$\{y\}_1$按质量正交标准化得到第 1 阶 Ritz 向量$\{\psi\}_1$:

$$\{\psi\}_1 = \frac{\{y\}_1}{\sqrt{\{y\}_1^{\mathrm{T}}[M]\{y\}_1}} \tag{4-15}$$

（2）第 2 阶 Ritz 向量的计算

计算第 2 阶 Ritz 向量$\{\psi\}_2$时，首先把与第 1 阶 Ritz 向量分布形式相对应的荷载加到结构上，计算其静位移$\{y\}_2$：

$$[K]\{y\}_2 = [M]\{\psi\}_1 \tag{4-16}$$

在向量$\{y\}_2$中可能含有$\{\psi\}_1$的成分，则$\{y\}_2$可表示成

$$\{y\}_2 = \{\overline{\psi}\}_2 + \alpha_{21}\{\psi\}_1 \tag{4-17}$$

式中，$\{\overline{\psi}\}_2$为纯的第 2 阶 Ritz 向量，即与第 1 阶 Ritz 向量$\{\psi\}_1$满足正交条件；α_{21}为待定系数。

将式(4-17)两边左乘$\{\psi\}_1^{\mathrm{T}}[M]$，得

$$\{\psi\}_1^{\mathrm{T}}[M]\{y\}_2 = \{\psi\}_1^{\mathrm{T}}[M]\{\overline{\psi}\}_2 + \alpha_{21}\{\psi\}_1^{\mathrm{T}}[M]\{\psi\}_1 \tag{4-18}$$

根据$\{\psi\}_1$满足关于质量正交归一化的条件，由式(4-18)可求得α_{21}：

$$\alpha_{21} = \{\psi\}_1^{\mathrm{T}}[M]\{y\}_2 = \{y\}_2^{\mathrm{T}}[M]\{\psi\}_1 \tag{4-19}$$

由此可整理得到纯的第 2 阶 Ritz 向量为

$$\{\overline{\psi}\}_2 = \{y\}_2 - \alpha_{21}\{\psi\}_1 \tag{4-20}$$

再进行正交归一化处理，得到第 2 阶 Ritz 向量：

$$\{\psi\}_2 = \frac{\{\overline{\psi}\}_2}{\sqrt{\{\overline{\psi}\}_2^{\mathrm{T}}[M]\{\overline{\psi}\}_2}} \tag{4-21}$$

（3）第n阶 Ritz 向量的计算

如果第$n-1$阶及以前各阶 Ritz 向量已获得，则可通过下式计算结构的静位移$\{y\}_n$：

$$[K]\{y\}_n = [M]\{\psi\}_{n-1} \tag{4-22}$$

向量$\{y\}_n$可能包含前$n-1$阶 Ritz 向量$\{\psi\}_j(j=1,2,\cdots,n-1)$的成分在内，$\{y\}_n$可表示为

$$\{y\}_n = \{\overline{\psi}\}_n + \sum_{j=1}^{n-1}\alpha_{n,j}\{\psi\}_j \tag{4-23}$$

再利用各阶 Ritz 向量之间满足质量矩阵正交化条件可求得

$$\alpha_{n,j} = \{\psi\}_i^{\mathrm{T}}[M]\{y\}_n = \{y\}_n^{\mathrm{T}}[M]\{\psi\}_i \quad (i=1,2,\cdots,n) \tag{4-24}$$

由此可整理得到纯的第n阶 Ritz 向量为

$$\{\overline{\psi}\}_n = \{y\}_n - \sum_{j=1}^{n-1}\alpha_{n,j}\{\psi\}_j \tag{4-25}$$

再进行正交归一化处理，得到第n阶 Ritz 向量：

$$\{\psi\}_n = \frac{\{\overline{\psi}\}_n}{\sqrt{\{\overline{\psi}\}_n^{\mathrm{T}}[M]\{\overline{\psi}\}_n}} \tag{4-26}$$

4.3.2　计算步骤

（1）计算由$\{S\}$作为静力作用下结构的第 1 阶 Ritz 向量；

（2）按照式(4-22)～式(4-26)进行迭代重复计算，以此得到第 2 阶～第n阶的 Ritz 向量；

（3）采用 Ritz 向量代替振型，计算得到广义刚度矩阵$[K^*] = [\psi]^{\mathrm{T}}[K][\psi]$和广义质量矩阵$[M^*] = [\psi]^{\mathrm{T}}[M][\psi]$；

（4）根据频率特征方程$|[K^*] - \omega^2[M^*]| = 0$，计算得到$n$个特征值$\omega_1$，$\omega_2$，$\cdots$，$\omega_n$。

对应荷载相关的 Ritz 向量法的 Python 源代码实现如下：

```python
def load_depended_ritz_vector(mass, stiffness, count=1, load=None):
    """
    荷载相关的 Ritz 向量，本函数将来可以用在振型叠加法中，用 Ritz 向量代替结构自振向量。研究表明，振型叠加法
    计算中忽略了高阶振型的影响，会造成高阶振型作用较大时，结构计算收敛慢的现象，荷载相关 Ritz 向量法可以很好地解
    决该问题。
    荷载相关 Ritz 向量法中必须给出荷载列阵。
    Parameters
    ----------
    mass 质量矩阵
    stiffness 刚度矩阵
    count 需要求的 Ritz 向量个数
    load 荷载矩阵

    Returns Ritz 向量
    -------

    """
    if load is None:
        load = np.array([1 for i in range(len(mass))]).T
    stiffness_inv = inv(stiffness)  # 提前求逆，节省计算量
    # 第 1 阶 Ritz 向量计算，其定义为静力直接作用在结构上的位移
    dpm = stiffness_inv @ load
    ritz = np.zeros((len(mass), count + 1))
    ritz[:, 0] = normalize(mass, dpm)  # 按照质量矩阵归一化
    alpha = np.zeros(count)
    beta = np.zeros(count)
    # 第 n+1 阶 Ritz 向量计算
    for i in range(count):
        alpha_temp = np.zeros(i + 1)
        dpm = stiffness_inv @ mass @ ritz[:, i]  # 计算 y[i+1]=K^-1*M*ritz[i]
        for j in range(i + 1):
            alpha_temp[j] = dpm.T @ mass @ ritz[:, j]
            dpm -= alpha_temp[j] * ritz[:, j]  # 计算 alpha 向量的和
        ritz_temp1 = normalize(mass, dpm)  # 关于质量矩阵正交归一化
        ritz[:, i + 1] = ritz_temp1.T  # 整合 Ritz 向量
        alpha[i] = alpha_temp[-1]
        beta[i] = np.sqrt(dpm.T @ mass @ dpm)
    return ritz[:, :-1], alpha, beta
```

【例 4-3】仍以例 4-1 的结构为对象，采用荷载相关的 Ritz 向量法求解该结构的频率和振型。

【解】Python 程序实现如下：

```python
if __name__ == "__main__":
    m = np.array([2762, 2760, 2300])
    k = np.array([2.485, 1.921, 1.522]) * 1e4
```

```
layer_shear = LayerShear(each_shear_m=m, each_shear_k=k)
load = np.array([1 for i in range(3)]).T  # 模拟全横向均布 1 的荷载
count = 3
ritz, alpha, beta = load_depended_ritz_vector(layer_shear.m, layer_shear.k,
count=count, load=load)
print("关于质量矩阵正交的验证:")
print(ritz.T @ layer_shear.m @ ritz)
```

程序输出结果如下:

```
关于质量矩阵正交的验证:
[[ 1.00000000e+00 -1.18828317e-15  5.85379200e-15]
 [-1.26502201e-15  1.00000000e+00  3.63303971e-16]
 [ 5.71791952e-15  3.60307637e-16  1.00000000e+00]]
```

4.4 矩阵迭代法

矩阵迭代法是一种求解多自由度体系频率和振型的逐步逼近的方法。该种方法既可求体系的基频和振型,也可以求高阶频率和振型。

4.4.1 基本模态迭代计算

对于任意多自由度体系,模态分析的公式为

$$[K]\{\phi\}_n = \omega_n^2[M]\{\phi\}_n \quad (n = 1,2,\cdots N) \tag{4-27}$$

式中,ω_n 和 $\{\phi\}_n$ 分别为体系的第 n 阶自振频率和振型。由式(4-27)可以构造基于模态的迭代计算公式为

$$\{y\}^{(i)} = [D]\{\phi\}_1^{i-1} \tag{4-28}$$

$$\{\phi\}_1^i = \frac{\{y\}^{(i)}}{\sqrt{\left(\{y\}^{(i)}\right)^{\mathrm{T}}[M]\{y\}^{(i)}}} \tag{4-29}$$

式中,$\{y\}^{(i)}$ 为计算的中间向量;$[D]$ 为动力矩阵,$[D] = [K]^{-1}[M]$。

相应的频率计算公式为

$$\omega_1^{(i)} = \sqrt{\left(\left\{\phi_1^{(i)}\right\}\right)^{\mathrm{T}}[K]\left\{\phi_1^{(i)}\right\}} \tag{4-30}$$

当第 i 次迭代得到的自振频率不满足精度要求时,需要继续进行迭代,直到满足精度要求为止:

$$\left.\begin{array}{l} \omega_1 = \omega_1^{(i)} \\ \{\phi\}_1 = \{\phi\}_1^{(i)} \end{array}\right\} \tag{4-31}$$

相应的收敛条件为

$$\frac{\left|\omega_1^{(i)} - \omega_1^{(i-1)}\right|}{\omega_1^{(i)}} < \varepsilon \tag{4-32}$$

式中,ε 为控制精度要求的小数。

基本模态迭代计算的 Python 源代码实现如下:

```python
def mat_iterate_base(mass, stiffness, precision=10e-3):
    """
    求解基准模态下的矩阵迭代法
    Parameters
    ----------
    mass 质量矩阵
    stiffness 刚度矩阵
    precision 精度

    Returns 频率, 振型
    -------

    """
    # 计算动力矩阵
    stiffness_inv = inv(stiffness)
    dyn_mat = stiffness_inv @ mass
    # 计算其他条件
    freedom = mass.shape[0]  # 自由度
    # 随机生成初始振型
    phi = np.array([np.random.random() * 2 - 1 for i in range(freedom)]).T
    omega_temp = (phi.T @ stiffness @ phi) ** 0.5
    step = 0  # 记录迭代步数
    # 开始迭代
    while True:
        phi_temp = dyn_mat @ phi  # 迭代主要部分
        phi = phi_temp / (phi_temp.T @ mass @ phi_temp) ** 0.5
        omega = (phi.T @ stiffness @ phi) ** 0.5
        if abs(omega - omega_temp) < precision * omega or step > 100:
            break
        omega_temp = omega
        step += 1
    print("迭代%d 步收敛。" % step)
    return omega, phi
```

4.4.2　高阶模态迭代计算

当第 $n-1$ 阶振型已经获得，第 n 阶振型的迭代公式为

$$\{y\}^{(i)} = [D]\{\phi\}_n^{i-1} \tag{4-33}$$

$$\{\phi\}_n^i = \frac{\{y\}^{(i)}}{\sqrt{\left(\{y\}^{(i)}\right)^{\mathrm{T}}[M]\{y\}^{(i)}}} \tag{4-34}$$

由式(4-33)和式(4-34)可知，高阶模态迭代计算公式与前面的基本模态迭代计算公式是相同的，不同之处在于每一次迭代中，需要消除已获得的低阶模态分量，其处理方法同第4.3 节荷载相关的 Ritz 向量计算时采用的方法［式(4-23)～式(4-26)］。

高阶模态迭代计算的 Python 源代码实现如下：

```python
def mat_iterate_high(mass, stiffness, omega_pre, phi_pre, precision=10e-3):
    """
    求高阶模态的矩阵迭代法
    Parameters
    ----------
    mass 质量矩阵
    stiffness 刚度矩阵
    omega_pre 前 n-1 阶频率数组
    phi_pre 前 n-1 阶振型矩阵
    precision 计算精度
```

```
Returns 频率，振型
-------

"""
# 计算动力矩阵
stiffness_inv = inv(stiffness)
dyn_mat = stiffness_inv @ mass
# 计算其他条件
freedom = mass.shape[0]  # 自由度
# 随机生成初始振型
phi = np.array([np.random.random() * 2 - 1 for i in range(freedom)]).T
omega_temp = (phi.T @ stiffness @ phi) ** 0.5
step = 0  # 记录迭代步数

# 开始迭代
while True:
    phi_temp = dyn_mat @ phi  # 迭代主要部分
    phi = phi_temp / (phi_temp.T @ mass @ phi_temp) ** 0.5
    # 对高阶振型中的低阶振型进行消除
    # 初始化 alpha 向量
    alpha_vector = np.array([0.0 for i in range(mass.shape[1])]).T
    for i in range(len(omega_pre)):
        alpha = phi.T @ mass @ phi_pre[i]
        alpha_vector += alpha * phi_pre[i]
    phi -= alpha_vector
    omega = (phi.T @ stiffness @ phi) ** 0.5
    if abs(omega - omega_temp) < precision * omega or step > 100:
        break  # 计算达到精度或迭代步数超出设定即跳出迭代
    omega_temp = omega
    step += 1
print("迭代%d 步收敛。" % step)
return omega, phi
```

4.4.3　最高阶模态迭代计算

若计算最高阶模态，仅需将基本迭代公式改为

$$\{y\}^{(i)} = [D]^{-1}\{\phi\}_N^{i-1} \tag{4-35}$$

$$\{\phi\}_N^i = \frac{\{y\}^{(i)}}{\sqrt{\left(\{y\}^{(i)}\right)^{\mathrm{T}}[M]\{y\}^{(i)}}} \tag{4-36}$$

经反复迭代计算后，即可获得体系的最高阶振型$\{\phi\}_N$，同时也可以得到相对应的频率ω_N。最高阶模态迭代计算的 Python 源代码实现如下：

```
def mat_iterate_highest(mass, stiffness, precision=10e-3):
    """
    求最高阶频率的矩阵迭代法
    Parameters
    ----------
    mass 质量矩阵
    stiffness 刚度矩阵
    precision 计算精度

    Returns 频率，振型
    -------
```

```
"""
# 计算起步条件
# 计算动力矩阵
mass_inv = inv(mass)
dyn_mat = mass_inv @ stiffness
# 计算其他条件
freedom = mass.shape[0]  # 自由度
# 随机生成初始振型
phi = np.array([np.random.random() * 2 - 1 for i in range(freedom)]).T
omega_temp = (phi.T @ stiffness @ phi) ** 0.5
step = 0  # 记录迭代步数
# 开始迭代
while True:
    phi_temp = dyn_mat @ phi  # 迭代主要部分
    phi = phi_temp / (phi_temp.T @ mass @ phi_temp) ** 0.5
    omega = (phi.T @ stiffness @ phi) ** 0.5
    if abs(omega - omega_temp) < precision * omega or step > 100:
        break
    omega_temp = omega
    step += 1
print("迭代%d 步收敛。" % step)
return omega, phi
```

【例 4-4】仍以例 4-1 的结构为对象，采用矩阵迭代法求解该结构的频率和振型。

【解】Python 程序实现如下：

```
if __name__ == "__main__":
    m = np.array([2762, 2760, 2300])
    k = np.array([2.485, 1.921, 1.522]) * 1e4
    layer_shear = LayerShear(m, k)
    [omega, phi] = eig(layer_shear.k, layer_shear.m)
    omega = omega ** 0.5
    phi = phi[:, 2]
    omega_1, phi_1 = mat_iterate_base(layer_shear.m, layer_shear.k)
    omega_2, phi_2 = mat_iterate_high(layer_shear.m, layer_shear.k, [omega_1], [phi_1],
            10e-4)
    omega_3, phi_3 = mat_iterate_highest(layer_shear.m, layer_shear.k)
    print("omega 精确值:%f,%f,%f" % (omega[0].real, omega[1].real, omega[2].real))
    print("omega 迭代值:%f,%f,%f" % (omega_3, omega_2, omega_1))
```

程序输出结果如下：

```
迭代 3 步收敛。
迭代 6 步收敛。
迭代 2 步收敛。
omega 精确值:4.728059,3.317427,1.297836
omega 迭代值:4.714803,3.317543,1.297858
```

4.5　子空间迭代法

子空间迭代法结合了 Rayleigh-Ritz 法和矩阵迭代法的特点，用矩阵迭代法通过迭代使计算的自振频率和振型逼近真实值，同时用 Rayleigh-Ritz 法使问题降阶，在一个缩减的低维空间中进行模态分析，从而节省计算时间。

采用子空间迭代法计算 N 个自由度体系前 s 阶频率和振型的步骤如下：

（1）首先假设一组振型$[\psi]^0 = [\{\psi\}_1^0 \quad \{\psi\}_2^0 \quad \cdots \quad \{\psi\}_s^0]$；

（2）采用矩阵迭代法进行第i次迭代$[\psi]^{(i)} = [D][\psi]^{(i-1)}$；

（3）将$[\psi]^{(i)}$作为 Rayleigh-Ritz 法给定的s个向量（Ritz 基），则体系的振型可以表述为$\{\phi\} = [\psi]^{(i)}\{Z\}$；

（4）采用 Ritz 向量得到广义刚度矩阵$[K^*] = [\psi]^{\mathrm{T}}[K][\psi]$和广义质量矩阵$[M^*] = [\psi]^{\mathrm{T}}[M][\psi]$；

（5）根据振动方程$([K^*] - \omega^2[M^*])\{Z\} = \{0\}$，计算得到$s$个频率值$\omega_1$，$\omega_2$，$\cdots$，$\omega_s$及相应的特征向量矩阵$[Z]^{(i)} = [\{Z\}_1 \quad \{Z\}_2 \quad \cdots \quad \{Z\}_s]$；

（6）由式$\{\phi\}^{(i)} = [\psi]^{(i)}\{Z\}^{(i)}$计算体系的振型矩阵；

（7）若第 3 步不满足精度要求，则返回到第 2 步继续进行迭代计算。

子空间迭代法计算的 Python 源代码实现如下：

```
def subspace_iteration(mass, stiffness, psi=1, precision=10e-3):
    """
    子空间迭代法计算程序
    Parameters
    ----------
    mass 质量矩阵
    stiffness 刚度矩阵
    psi 假设振型，如果是 int 类型，则自动生成该数值的正交向量，否则 psi 应该直接就是正交向量
    precision 计算精度

    Returns 频率，振型
    -------

    """
    # 生成假设振型
    if type(psi) == int:
        psi, alpha, beta = load_depended_ritz_vector(mass, stiffness, psi)
    # 迭代前准备
    stiffness_inv = inv(stiffness)
    dyn_mat = stiffness_inv @ mass  # 计算动力矩阵
    omega_temp = np.ones(len(mass))  # 初始化精度控制矩阵
    step = 0  # 迭代步数
    # 开始迭代
    while True:
        # 矩阵迭代法迭代
        psi = dyn_mat @ psi
        # Rayleigh-ritz 法迭代
        k_temp = psi.T @ stiffness @ psi  # 缩减质量矩阵
        m_temp = psi.T @ mass @ psi  # 缩减刚度矩阵
        [omega, comb_coeff] = eig(k_temp, m_temp)  # 计算特征值和特征向量
        omega = np.sqrt(omega)
        phi = psi @ np.array(comb_coeff)  # eig 返回值是数组类型，需要转换为矩阵
        if norm(omega - omega_temp) < norm(precision * omega) or step > 100:
            break
        omega_temp = omega
        step += 1
    return omega, phi
```

【例 4-5】仍以例 4-1 的结构为对象，采用子空间迭代法求解该结构的频率和振型。

【解】Python 程序实现如下：

```
if __name__ == "__main__":
    m = np.array([2672, 2760, 2300])
    k = np.array([2.485, 1.921, 1.522]) * 1e4
    layer_shear = LayerShear(m, k)
    [omega, phi] = eig(layer_shear.k, layer_shear.m)
    omega = np.sort(np.sqrt(omega))
    omega_1, phi_1 = subspace_iteration(layer_shear.m, layer_shear.k, 3)
    print("频率精确解为:")
    print(omega)
    print("子空间迭代法解为:")
    print(omega_1)
```

程序输出结果如下：

```
频率精确解为:
[1.29966945 3.33929641 4.7688058 ]
子空间迭代法解为:
[1.29966945 3.33929641 4.7688058 ]
```

4.6 Lanczos 方法

Lanczos 方法是在分析 Ritz 向量法特点的基础上，提出的一种进行结构体系模态分析的快速算法。基本思路是：首先采用 Ritz 法计算 Ritz 向量（也称 Lanczos 向量），在计算过程中应用到 $a_{n+1,i}$ 系数的规律；再以 Lanczos 向量为一组假设振型，采用 Rayleigh-Ritz 法计算体系的频率和振型。具体计算步骤如下。

（1）计算 Ritz 向量，其基本公式如下：

$$[K]\{y\}_{n+1} = [M]\{\psi\}_n \quad (n = 2,3,\cdots s) \tag{4-37}$$

$$\{y\}_{n+1} = \{\overline{\psi}\}_{n+1} + \sum_{j=1}^{n} a_{n+1,j}\{\psi\}_j \tag{4-38}$$

$$a_{n+1,i} = \{y\}_{n+1}^{\mathrm{T}}[M]\{\psi\}_i \quad (i = 1,2,\cdots,n) \tag{4-39}$$

$$\{\psi\}_{n+1} = \frac{\{\overline{\psi}\}_{n+1}}{b_{n+1}}, \quad 其中 b_{n+1} = \sqrt{\{\overline{\psi}\}_{n+1}^{\mathrm{T}}[M]\{\overline{\psi}\}_{n+1}} \tag{4-40}$$

（2）计算系数 $a_{n+1,i}$：

$$a_{n+1,i} = \begin{cases} a_n & (i = n) \\ b_n & (i = n-1) \\ 0 & (i \leqslant n-2) \end{cases} \tag{4-41}$$

（3）将系数代入式(4-38)，并利用式(4-40)可得：

$$[K]^{-1}[M][\psi] = [\psi][T] + b_{s+1}\{\psi\}_{s+1}[E] \tag{4-42}$$

式中，$[\psi] = [\{\psi\}_1 \quad \{\psi\}_2 \quad \cdots \quad \{\psi\}_s]$，$[E] = [0 \quad 0 \quad \cdots \quad 0 \quad 1]$。

$$[T] = \begin{bmatrix} a_1 & b_2 & 0 & & & \\ b_2 & a_2 & b_3 & & & \\ 0 & b_3 & a_3 & \ddots & & \\ & & & \ddots & & \\ & & \ddots & b_{s-1} & a_{s-1} & b_s \\ & & & 0 & b_s & a_s \end{bmatrix}$$

（4）以s个 Ritz 向量作为假设振型，采用 Rayleigh-Ritz 进行体系模态分析，在特征方程$[K]\{\phi\} = \omega^2[M]\{\phi\}$基础上，并结合式(4-42)有

$$([\psi][T] + b_{s+1}\{\psi\}_{s+1}[E])\{Z\} = \lambda[\psi]\{Z\} \tag{4-43}$$

式中，$\{\phi\} = [\psi]\{Z\}$，$\lambda = 1/\omega^2$。

（5）求解特征方程，计算s个特征值λ_n和特征向量$\{Z\}_n$：

$$[T]\{Z\} = \lambda\{Z\} \tag{4-44}$$

（6）最终计算得到体系的前s阶自振频率ω_n和振型$\{\phi\}_n$：

$$\omega_n = \sqrt{1/\lambda_n}, \quad \{\phi\}_n = [\psi]\{Z\}_n, \quad (n = 1,2,\cdots s) \tag{4-45}$$

Lanczos 方法计算的 Python 源代码实现如下：

```python
def lanczos(mass, stiffness, count=1, load=None):
    """
    Lanczos 方法
    :param mass: 质量矩阵
    :param stiffness: 刚度矩阵
    :param psi: 如果为 Int，则为需要计算的振型数，否则为振型
    :param load: 荷载
    :return: 频率与振型
    """
    psi, alpha, beta = load_depended_ritz_vector(mass, stiffness, count, load)
    T = np.diag(alpha) + np.diag(beta[1:], k=1) + np.diag(beta[1:], k=-1)
    eigenvalues, eigenvectors = eigh(T)
    return eigenvalues, psi[:, :count] @ eigenvectors[:, :count]
```

【例 4-6】仍以例 4-1 的结构为对象，采用 Lanczos 方法求解该结构的频率和振型。

【解】Python 程序实现如下：

```python
if __name__ == "__main__":
    m = np.array([2762, 2760, 2300])
    k = np.array([2.485, 1.921, 1.522]) * 1e4
    layer_shear = LayerShear(m, k)
    [omega, phi] = eig(layer_shear.k, layer_shear.m)
    omega = np.sqrt(omega)
    omega_1, phi_1 = lanczos(layer_shear.m, layer_shear.k, 3)
    print("频率精确值为:")
    print(omega.real)
    print("频率计算值为:")
    print(1 / np.sqrt(omega_1))
    print("振型计算值为:")
    print(phi_1)
```

程序输出结果如下：

```
频率精确值为:
[4.72805851 3.31742718 1.29783555]
频率计算值为:
[4.37743606 3.45799305 1.29807172]
振型计算值为:
[[ 0.0075432  -0.01651413  0.00569563]
 [-0.01487395 -0.00281402  0.01153975]
 [ 0.01004848  0.00988855  0.01536318]]
```

4.7 Dunkerley 方法

Dunkerley 方法是一种估算体系基频近似值的方法，得到的是体系基频的下限；而 Rayleigh 法估算的是体系基频的上限，因此，将两种方法结合可以得到所求频率的区间范围。

将多自由度体系的振型方程$([K] - \omega^2[M])\{\phi\} = \{0\}$进行改写为

$$\left([D] - \frac{1}{\omega^2}[I]\right)\{\phi\} = \{0\} \tag{4-46}$$

式中，$[D] = [K]^{-1}[M]$为动力矩阵，$[I]$为单位矩阵。

根据频率特征方程$|[K] - \omega^2[M]| = 0$，可以计算得到体系基频估算的近似公式

$$\omega_D = \sqrt{\frac{1}{\text{tr}[D]}} \tag{4-47}$$

式中，$\text{tr}[D]$为动力矩阵$[D]$的迹。

$$\text{tr}[D] = \frac{1}{\omega_1^2} + \sum_{n=2}^{N} \frac{1}{\omega_n^2} \tag{4-48}$$

由式(4-47)和式(4-48)可知

$$\omega_D < \omega_1 \tag{4-49}$$

Dunkerley 方法的特点总结如下：

（1）能够快速求出基频或最高阶频率，确定频率范围；

（2）只在其他各阶频率远远高于基频时，才能用动力矩阵迹来求解体系的基频或最高阶频率。

Dunkerley 方法计算的 Python 源代码实现如下：

```
def dunkerley(mass, stiffness):
    """
    Dunkerley 方法给出了一种估算体系基频近似值的方法，给出的是结构体系基本频率的下限，当其他各阶频率远远高
于基频时，利用此法估算基频较为方便。
    (计算出的值相当不准确)
    Parameters
    ----------
    mass 质量矩阵
    stiffness 刚度矩阵

    Returns 频率
    -------

    """
    # 计算动力矩阵
    stiffness_inv = inv(stiffness)
    dyn_mat = stiffness_inv @ mass
    return np.sqrt(1 / dyn_mat.trace())
```

【例 4-7】仍以例 4-1 的结构为对象，采用 Dunkerley 方法求解该结构的频率和振型。

【解】Python 程序实现如下：

```
if __name__ == "__main__":
    m = np.array([2762, 2760, 2300])
    k = np.array([2.485, 1.921, 1.522]) * 1e4
    layer_shear = LayerShear(m, k)
    [omega, phi] = eig(layer_shear.k, layer_shear.m)
    omega = omega[-1] ** 0.5
    phi = phi[:, 0]
    omega_1 = dunkerley(layer_shear.m, layer_shear.k)
    print("omega 精确值:%f" % omega.real)
    print("dunkerley 方法计算值:%f" % omega_1)
```

程序输出结果如下：

```
omega 精确值:1.297836
dunkerley 方法计算值:1.170981
```

4.8 Jacobi 迭代法

Jacobi 迭代法是一种旋转变换方法，其基本思想是通过一次 Jacobi 平面转换矩阵$[J]$，将对称矩阵$[A]$中的一对非零的非对角元素化成零并且使得非对角元素的平方和减小。反复进行上述过程，使变换后的矩阵的非对角元素的平方和趋于零，从而使该矩阵近似为对角矩阵$[B]$，得到全部特征值和特征向量，即

$$[B] = (\cdots [J]_3^{\mathrm{T}}[J]_2^{\mathrm{T}}[J]_1^{\mathrm{T}})[A]([J]_1[J]_2[J]_3\cdots) \tag{4-50}$$

若用$[A]^0 = [A]$表示原矩阵，则变换到k次$(k = 1,2,\cdots)$，可表示为

$$[A]^{(k)} = [J]_k^{\mathrm{T}}[A]^{(k-1)}[J]_k \tag{4-51}$$

如果矩阵的非对角元素中绝对值最大者为$a_{pq}^{(k-1)}$，则$[J]_k$具有如下形式：

$$[J]_k = J(p,q,\theta) = \begin{bmatrix} 1 & & \overset{第p列}{\cdots} & & \overset{第q列}{\cdots} & \\ & \ddots & \vdots & & \vdots & \\ & & 1 & & & \\ \cdots & & \cos\theta & \cdots & \sin\theta & \cdots & & \overset{第p行}{} \\ & & \vdots & 1 & \vdots & \\ & & \vdots & & \ddots & \vdots & \\ & & \vdots & & 1 & \vdots & \\ \cdots & & -\sin\theta & & \cos\theta & \cdots & & \overset{第q行}{} \\ & & & & & 1 & \\ & & \vdots & & \vdots & & \ddots & \\ & & & & & & & 1 \end{bmatrix} \tag{4-52}$$

θ被称为旋转角，旋转变换的目的就是找到一个合适的θ，使得非对角的两个元素变成0。由于$J(p,q,\theta)$仅影响第p列第q行的元素，故写成二阶主子式来表示旋转变换过程：

$$\begin{bmatrix} a_{pp}^{(k)} & a_{pq}^{(k)} \\ a_{qp}^{(k)} & a_{qq}^{(k)} \end{bmatrix} = \begin{bmatrix} \cos\theta & \sin\theta \\ -\sin\theta & \cos\theta \end{bmatrix}^{\mathrm{T}} \begin{bmatrix} a_{pp}^{(k-1)} & a_{pq}^{(k-1)} \\ a_{qp}^{(k-1)} & a_{qq}^{(k-1)} \end{bmatrix} \begin{bmatrix} \cos\theta & \sin\theta \\ -\sin\theta & \cos\theta \end{bmatrix} \tag{4-53}$$

若要使$a_{pq}^{(k)} = a_{qp}^{(k)} = 0$，则由式(4-53)可解得

$$\theta = \begin{cases} \pm\dfrac{\pi}{4} & a_{pp}^{(k-1)} = a_{qq}^{(k-1)} \\[2ex] \dfrac{\arctan\left(\dfrac{2a_{pq}^{(k-1)}}{a_{pp}^{(k-1)} - a_{qq}^{(k-1)}}\right)}{2} & a_{pp}^{(k-1)} \neq a_{qq}^{(k-1)} \end{cases} \tag{4-54}$$

当 $k \to \infty$ 时，$[A]^{(k)} \to \text{diag}(b_1 \quad b_2 \quad \cdots \quad b_n)$。实际计算时，先给定一个正数界限，然后按照顺序逐一检查$[A]$的非对角元素，消去绝对值大于t_1的，留下绝对值小于t_1的，重复上述过程，直到所有非对角元素的绝对值都小于t_1；然后选取$t_2 < t_1$，再重复上述步骤，一直到所有非对角元素都小于正数t_m为止，而$t_m < t_{m-1}$，且已小于事先给定的精度指标$t > 0$。

Jacobi 方法计算的 Python 源代码实现如下：

```python
def jacobi(mass, stiffness, eps=1e-10, max_iter=1000):
    """
    Jacobi 方法求解实对称矩阵的特征值和特征向量。
    Parameters
    ----------
    mass 质量矩阵
    stiffness 刚度矩阵
    eps 精度
    max_iter 最大迭代步数

    Returns 频率,振型
    -------

    """
    # 初始特征向量为单位矩阵
    length = len(mass)
    # 计算动力矩阵
    stiffness_inv = inv(stiffness)
    dyn_mat = stiffness_inv @ mass  # 计算动力矩阵
    v_revlove = np.eye(length)
    dyn_np = np.array(dyn_mat)
    # 迭代计算
    count = 0
    while count < max_iter:
        # 计算非对角元素的最大值和位置
        max_idx = np.argmax(np.abs(np.triu(dyn_np, 1)))  # 找到最大的序号
        if dyn_np.flatten()[max_idx] ** 2 < eps:
            break
        i, j = divmod(max_idx, length)

        # 计算旋转角度
        if dyn_np[i, i] == dyn_np[j, j]:
            theta = np.pi / 4
        else:
            theta = 0.5 * np.arctan(2 * dyn_np[i, j] / (dyn_np[i, i] - dyn_np[j, j]))

        # 构造旋转矩阵
        r_revlove = np.eye(length)
        r_revlove[i, i] = np.cos(theta)
        r_revlove[j, j] = np.cos(theta)
        r_revlove[i, j] = -np.sin(theta)
        r_revlove[j, i] = np.sin(theta)

        # 更新 A 和 V
        dyn_np = r_revlove.T @ dyn_np @ r_revlove
        v_revlove = v_revlove @ r_revlove
```

```
    count += 1

# 提取特征值和特征向量
eig_values = np.diag(dyn_np)
eig_vectors = v_revlove.T
omega = 1 / np.sqrt(eig_values)
return omega, eig_vectors
```

【例 4-8】仍以例 4-1 的结构为对象，采用 Jacobi 方法求解该结构的频率和振型。

【解】Python 程序实现如下：

```
if __name__ == "__main__":
    m = np.array([2762, 2760, 2300])
    k = np.array([2.485, 1.921, 1.522]) * 1e4
    layer_shear = LayerShear(m, k)
    [omega, phi] = eig(layer_shear.k, layer_shear.m)
    omega = np.sqrt(omega)
    omega_1, phi_1 = jacobi(layer_shear.m, layer_shear.k)
    print("频率精确值为:")
    print(omega.real)
    print("频率计算值为:")
    print(omega_1)
    print("振型计算值为:")
    print(phi_1)
```

程序输出结果如下：

```
频率精确值为:
[4.72805851 3.31742718 1.29783555]
频率计算值为:
[4.72806275 3.31743686 1.29783489]
振型计算值为:
[[ 0.716102   -0.65872147  0.23083316]
 [ 0.63949546  0.48663753 -0.59517181]
 [ 0.27972036  0.57382048  0.76973149]]
```

《第5章》

振型分解法求解结构动力反应

振型分解法（又称振型叠加法）是用于求解多自由度体系动力反应的基本方法。其基本原理是：利用结构的固有振型及振型正交性，将N个自由度体系的运动方程组，解耦为N个独立的与固有振型相对应的单自由度方程，然后对这些独立的方程分别进行解析或数值求解，得到每个振型的动力反应，再将各振型的动力反应按一定的方式叠加，最终得到多自由度体系的总动力反应。此外，由于原结构的反应是多个单自由度结构的叠加，且非线性结构的恢复力特性并不满足叠加原理，所以振型分解法仅适用于线性结构。

本章主要介绍实模态振型分解法、复模态振型分解法、弹性地震反应谱以及振型分解反应谱法，并逐一结合 Python 编程实现。

5.1 实模态振型分解法

若多自由度体系的阻尼矩阵是经典阻尼形式，则主振型满足阻尼矩阵正交性，可采用实模态振型分解法进行求解。该方法的基本原理如下。

5.1.1 基本原理

对于有阻尼N个自由度体系强迫振动的运动方程为

$$[M]\{\ddot{u}\} + [C]\{\dot{u}\} + [K]\{u\} = \{p(t)\} \tag{5-1}$$

通过第 4 章的结构动力特性计算，可得到结构的前N阶固有频率$(\omega_1, \omega_2, \cdots, \omega_N)$和相应的N阶主振型$(\{\phi\}_1, \{\phi\}_2, \cdots, \{\phi\}_N)$。

由于各主振型向量是线性独立的，则体系的任意位移可表示为

$$\{u\} = q_1\{\phi\}_1 + q_2\{\phi\}_2 + \cdots + q_N\{\phi\}_N = [\phi]\{q\} \tag{5-2}$$

式中，$q_1, q_2, \cdots, q_N$为正则坐标，$\{q\} = \{q_1 \quad q_2 \quad \cdots \quad q_N\}^{\mathrm{T}}$。

将式(5-2)代入式(5-1)，可得

$$[M][\phi]\{\ddot{q}\} + [C][\phi]\{\dot{q}\} + [K][\phi]\{q\} = \{p(t)\} \tag{5-3}$$

再对式(5-3)两侧左乘$\{\phi\}^{\mathrm{T}}$，有

$$[\phi]^{\mathrm{T}}[M][\phi]\{\ddot{q}\} + [\phi]^{\mathrm{T}}[C][\phi]\{\dot{q}\} + [\phi]^{\mathrm{T}}[K][\phi]\{q\} = [\phi]^{\mathrm{T}}\{p(t)\} \tag{5-4}$$

根据主振型$[\phi]$关于质量矩阵$[M]$和刚度矩阵$[K]$的正交性，可得

$$[\phi]_i^{\mathrm{T}}[M][\phi]_j = 0, \quad [\phi]_i^{\mathrm{T}}[K][\phi]_j = 0 \quad (i \neq j) \tag{5-5}$$

$$[\phi]_i^T[M][\phi]_j = M_i, \quad [\phi]_i^T[K][\phi]_j = K_i \quad (i = j) \tag{5-6}$$

由于与阻尼有关的$[\phi]^T[C][\phi]$一般不能保证是对角阵。为了获得具有正交性的阻尼矩阵，常采用 Rayleigh 阻尼（经典阻尼），此时

$$[\phi]_i^T[C][\phi]_j = 0 \quad (i \neq j), \quad [\phi]_i^T[C][\phi]_j = C_i \quad (i = j) \tag{5-7}$$

将式(5-5)、式(5-6)和式(5-7)代入式(5-4)中，有

$$M_i \ddot{q}_i + C_i \dot{q}_i + K_i q_i = p_i(t) \tag{5-8}$$

式中，$p_i(t)$为振型荷载，$p_i(t) = [\phi]^T\{p(t)\}$。

令ξ_i为相应于第i阶振型的阻尼比，则有

$$C_i = 2\xi_i \omega_i M_i \tag{5-9}$$

将式(5-9)代入式(5-8)，可以得到N个独立的有阻尼单自由度体系在外荷载作用下的标准运动方程：

$$\ddot{q}_i + 2\xi_i \omega_i \dot{q}_i + \omega_i^2 q_i = \frac{1}{M_i} p_i(t) \quad (i = 1,2,\cdots,N) \tag{5-10}$$

该方程可采用在单自由度动力反应分析中的有关方法进行计算，一般采用 Duhamel 积分法求解（相应的 Python 通用程序详见第 6 章），即

$$q_i(t) = \frac{1}{M_i \omega_D} \int_0^t p_i(\tau) e^{-\xi_i \omega_i(t-\tau)} \sin[\omega_D(t-\tau)] \, d\tau \tag{5-11}$$

式中，$\omega_D = \omega_i \sqrt{1 - \xi_i^2}$。

在求出第i阶振型对应的位移反应$q_i(t)$、速度反应$\dot{q}_i(t)$和加速度反应$\ddot{q}_i(t)$后，再利用式(5-2)，即可求得多自由度体系的位移反应$\{u(t)\}$、速度反应$\{\dot{u}(t)\}$和加速度反应$\{\ddot{u}(t)\}$。

5.1.2　频域分析法

针对式(5-10)，从实际应用上看，采用 Duhamel 积分法求解时，计算效率并不高，因为对任意一个时间点t的反应，积分都是从 0 到t，而实际可能包括一系列时间点。这时就需要采用效率更高的数值解法，如 Fourier 变换法或者时程分析法（详见第 6 章）等。

对任意非周期、有限长的荷载，可以采用 Fourier 变换法，在频域求解体系的动力反应。Fourier 变换可定义为

$$\begin{cases} Q(\omega) = \displaystyle\int_{-\infty}^{+\infty} q(t) e^{-i\omega t} \, dt & \text{（正变换）} \\ q(t) = \dfrac{1}{2\pi} \displaystyle\int_{-\infty}^{+\infty} Q(\omega) e^{i\omega t} \, dt & \text{（逆变换）} \end{cases} \tag{5-12}$$

根据 Fourier 变换的性质，对式(5-10)两边同时进行 Fourier 正变换，有

$$-\omega^2 Q(\omega) + i2\xi_i \omega_i Q(\omega) + \omega_i^2 Q(\omega) = \frac{1}{M_i} P_i(\omega) \tag{5-13}$$

由此可得

$$Q(\omega) = H(i\omega) P(\omega) \tag{5-14}$$

式中，$H(i\omega) = \frac{1}{k}\left[\frac{1}{[1-(\omega/\omega_n)^2]+i[2\xi(\omega/\omega_n)]}\right]$，称为复频反应函数。

再利用式(5-12)中的 Fourier 逆变换，有

$$q(t) = \frac{1}{2\pi} \int_{-\infty}^{+\infty} H(i\omega)P(\omega)e^{i\omega t}\,d\omega \tag{5-15}$$

当外荷载是复杂的时间函数（如地震作用、风荷载等），采用解析型的 Fourier 变换几乎是不可能的，实际计算中常采用离散 Fourier 变换（DFT）。将随时间连续变化的函数用等步长 Δt 离散成有 N 个离散数据点的系列，图 5-1 给出了荷载时域和频域离散化示意图。其中，$t_k = k\Delta t(k = 0,1,2,\cdots,N-1)$，$t_k = T_p/N$，$T_p$ 为外荷载的持续时间。对频域的 Fourier 谱也进行离散化，$\omega_j = j\Delta\omega(j = 0,1,2,\cdots,N-1)$，$\omega_j = j\Delta\omega$，$\Delta\omega = 2\pi/T_p$。

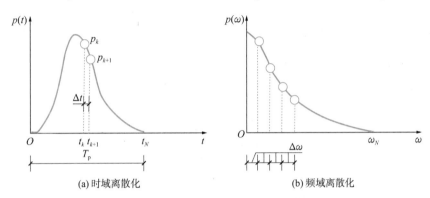

(a) 时域离散化　　　　　　　　　(b) 频域离散化

图 5-1　荷载的时域与频域离散化

将离散化的值代入 Fourier 正变换公式，并应用阶梯型数值积分得

$$P(\omega_j) = \frac{1}{2\pi} \int_{-\infty}^{+\infty} p(t)e^{-i\omega_j t}\,dt = \sum_{k=0}^{N-1} p(t_k)e^{-i\omega_j t} \cdot \Delta t = \Delta t \sum_{k=0}^{N-1} p(t_k)e^{-i\frac{2\pi kj}{N}} \tag{5-16}$$

如果 $N = 2^m$，再利用简谐函数 $e^{\pm ix}$ 周期性的特点，可以得到快速 Fourier 变换（FFT），以此可以提高计算效率。

基于 Fourier 变换法的频域分析法的 Python 代码实现如下：

```python
def fourier(mass, stiffness, load, delta_time, damping_ratio=0.05):
    """
    Fourier 变换求解地震响应程序
    Parameters
    ----------
    mass 质量
    stiffness 刚度
    damping_ratio 阻尼比
    load 荷载时程
    delta_time 时间步长

    Returns 时程响应
    -------

    """
    load_fft = np.fft.fft(load)  # 对荷载进行 Fourier 变换
    omega_n = np.sqrt(stiffness / mass)
    # fs = 1 / delta_time  # 采样频率
    length=len(load_fft)
    # 创建复数矩阵用来存储计算得到的位移谱
    result = np.zeros(length, dtype=complex)
```

```
for i in range(length):
    omega = 2 * np.pi * i / (delta_time * length)  # 当前的周期
    # 复频响应函数
    complex_reaction = complex(1 - (omega / omega_n) ** 2,
                2 * damping_ratio * (omega / omega_n)) * stiffness
    result[i] = load_fft[i] / complex_reaction
result = np.fft.ifft(result)
return 2 * result.real  # 只需要取实部并乘2
```

【例 5-1】一个单自由度体系，其质量为 2762kg，刚度为 24850N/m，阻尼比为 0.05，在地震波 RSN88_SFERN_FSD172 的作用下进行强迫振动，采用 Duhamel 积分、Fourier 变换和中心差分法（Central Difference）三种方法进行对比验证（其中 Duhamel 积分和中心差分法通用 Python 程序详见第 6 章）。

【解】Python 程序实现如下：

```
if __name__=="__main__":
    # 读取地震波
    quake, delta_time = read_quake_wave("../../res/RSN88_SFERN_FSD172.AT2")
    quake = pga_normal(quake, 0.35)  # 地震波 PGA 设置
    quake = length_normal(quake, 1)  # 设置地震波长度.末端补零法

    dpm = fourier(2762, 24850, quake * 2762, delta_time, 0.05)
    dpm_duhamel = duhamel_numerical(2762, 24850, quake * 2762, delta_time, 0.05)
    dpm_center, vel_center, acc_center = center_difference_single(2762, 24850,
    quake * 2762, delta_time, 0.05,result_length=len(quake))
    response_figure([dpm_center, dpm_duhamel],
            [["Duhamel", "#0080FF", "-"], ["Central difference", "#000000", "--"]],
                x_tick=8, y_tick=0.005,
                delta_time=0.005, save_file="../res/5.1_1.svg")
    response_figure([dpm_center - dpm_duhamel],
                [["Error", "#0080FF", "-"]],
                x_tick=8, y_tick=2e-6,
                delta_time=0.005, save_file="../res/5.1_2.svg")
    response_figure([dpm_center, dpm],
            [["Central difference", "#0080FF", "-"], ["Fourier", "#000000", "--"]],
                x_tick=16, y_tick=0.005, x_length=128,
                delta_time=0.005, save_file="../res/5.1_3.svg")
    response_figure([dpm_center - dpm],
                [["Error", "#0080FF", "-"]],
                x_tick=16, y_tick=3e-6, x_length=128,
                delta_time=0.005, save_file="../res/5.1_4.svg")
```

1）Duhamel 积分验证：Duhamel 积分与中心差分法计算得到的位移时程如图 5-2 所示，两者的计算误差（Error）如图 5-3 所示。

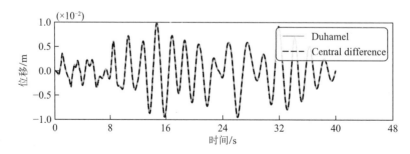

图 5-2　Duhamel 积分与中心差分法位移时程曲线对比

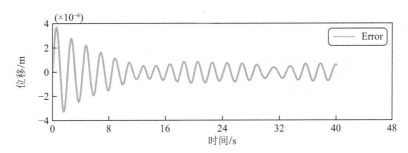

图 5-3　Duhamel 积分与中心差分法计算误差对比

　　由图 5-3 可知，Duhamel 积分与中心差分法吻合得非常好，误差在微米级别。并且经过数量级分析，该体系在地震波 PGA 为 35gal 时产生的最大位移在 1cm 的数量级是符合物理规律的。

　　2）Fourier 变换验证：Fourier 变换与中心差分法计算得到的位移时程如图 5-4 所示，两者的计算误差如图 5-5 所示。

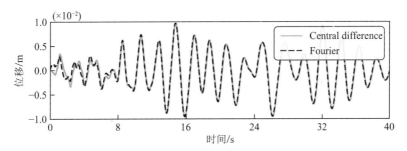

图 5-4　Fourier 变换与中心差分法位移时程曲线对比

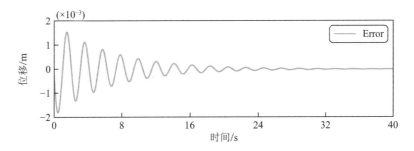

图 5-5　Fourier 变换与中心差分法计算误差对比

　　由图 5-5 可知，在地震波长度只有 20s 的时候，Fourier 变换与中心差分法吻合得非常不好，这是因为 Fourier 变换对地震波的输入是有要求的。由于 Fourier 变换的自身原因，我们需要 $p(t)$ 具有足够多的零点，以增大持续时间 T_p，从而保证在计算的时间段 $[0, T_p]$ 内，体系的位移能衰减到 0，即不同周期的荷载不对彼此引起的动力反应造成影响。

　　为了验证这一点，将地震波采用末端补零法延长到其本身持时的 3 倍，计算结果如图 5-6 所示。操作方法为将代码中 quake=length_normal(quake, 1)中的 1 改为 3 即可。

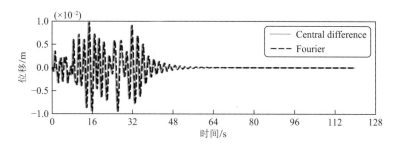

图 5-6　延长持时后 Fourier 变换与中心差分法位移时程曲线对比

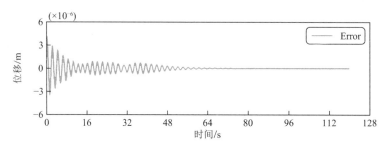

图 5-7　延长持时后 Fourier 变换与中心差分法计算误差对比

由图 5-7 可知，随着末端补 0 长度的增加，Fourier 变换的计算精度逐渐精确。

5.1.3　计算步骤

（1）根据第 4 章的结构动力特性计算方法，求得结构的各阶振型$\{\phi\}_i$和频率ω_i；

（2）依次取每个振型向量$\{\phi\}_i$，计算$[\phi]_i^{\mathrm{T}}[M][\phi]_i = M_i$，$[\phi]_i^{\mathrm{T}}[K][\phi]_i = K_i$，$[\phi]_i^{\mathrm{T}}[C][\phi]_i = C_i$，$p_i(t) = [\phi]^{\mathrm{T}}\{p(t)\}$；

（3）将其代入式(5-10)，采用 Duhamel 积分、Fourier 变换法或者时程分析法求解各单自由度体系的位移反应$q_i(t)$、速度反应$\dot{q}_i(t)$和加速度反应$\ddot{q}_i(t)$；

（4）根据$\{u\} = q_1\{\phi\}_1 + q_2\{\phi\}_2 + \cdots + q_N\{\phi\}_N = [\phi]\{q\}$，可求得多自由度体系的位移反应$\{u(t)\}$、速度反应$\{\dot{u}(t)\}$和加速度反应$\{\ddot{u}(t)\}$。

多自由度体系实模态振型分解法的 Python 源代码实现如下：

```python
def modal_superposition(mass, stiffness, load, delta_time, damping_ratio=0.05):
    """
    振型分解法计算程序
    Parameters
    ----------
    mass 质量矩阵
    stiffness 刚度矩阵
    load 时序荷载列阵


    Returns
    -------

    """
    # 数据准备
    freedom = len(mass)
    length = len(load)
```

```
[omega, phi] = eig(stiffness, mass)
# 按照升序排列
sort_num = omega.argsort()
phi = phi.T[sort_num].T
# 坐标变换
split_mass = np.diag(np.transpose(phi) @ mass @ phi)
split_stiffness = np.diag(np.transpose(phi) @ stiffness @ phi)
load = np.array([np.transpose(phi) @ load[i] for i in range(length)])
# 计算变换后的坐标
dpm = np.zeros((length, freedom))
for i in range(freedom):
    dpm[:, i] = fourier(split_mass[i], split_stiffness[i], load[:, i], delta_time,
                damping_ratio)
# 振型坐标转换为位移坐标
for i in range(length):
    dpm[i] = phi @ dpm[i]
return dpm
```

【例 5-2】某三层结构，第 1～3 层的质量分别为 2762kg、2760kg、2300kg，刚度分别为 $2.485 \times 10^4 \text{N/m}$、$1.921 \times 10^4 \text{N/m}$、$1.522 \times 10^4 \text{N/m}$，当采用层剪切模型时，阻尼比为 0.05，阻尼采用 Rayleigh 阻尼，地震波采用 RSN88_SFERN_FSD172，试采用实振型分解法计算结构的响应。

【解】Python 程序实现如下：

```
if __name__=="__main__":
    # 读取地震波
    quake, delta_time = read_quake_wave("../../res/RSN88_SFERN_FSD172.AT2")
    quake = pga_normal(quake, 0.35)  # 地震波 PGA 设置
    quake = length_normal(quake, 2)  # 设置地震波长度为 2 倍

    layer_shear=LayerShear(np.array([2762, 2760, 2300]),
                    np.array([2.485, 1.921,1.522]) * 1e4)
    c = rayleigh(layer_shear.m, layer_shear.k, 0.05)
    load = []
    for i in range(len(quake)):
        load.append(np.array([0, 0, quake[i] * 2300]))
    center_dpm, center_vel, center_acc = center_difference_multiple(layer_shear.m,
                        layer_shear.k, load, delta_time, 0.05,
                        np.array([0, 0, 0]), np.array([0, 0, 0]),
                        len(quake))
    dpm = modal_superposition(layer_shear.m, layer_shear.k, load, delta_time)
    response_figure([center_dpm[:, 0], dpm[:, 0]],
            [["Central difference", "#0080FF", "-"], ["Fourier", "#000000", "--"]],
             x_tick=8, y_tick=0.008, x_length=88,
             delta_time=0.005, save_file="../res/5.1_5.svg")
    response_figure([center_dpm[:, 1], dpm[:, 1]],
            [["Central difference", "#0080FF", "-"], ["Fourier", "#000000", "--"]],
             x_tick=8, y_tick=0.015, x_length=88,
             delta_time=0.005, save_file="../res/5.1_6.svg")
    response_figure([center_dpm[:, 2], dpm[:, 2]],
            [["Central difference", "#0080FF", "-"], ["Fourier", "#000000", "--"]],
             x_tick=8, y_tick=0.015, x_length=88,
             delta_time=0.005, save_file="../res/5.1_7.svg")
```

采用实模态振型分解法和中心差分法对比计算结果如下：

1）第三层质点位移时程曲线如图 5-8 所示。

Python 在结构动力计算中的应用

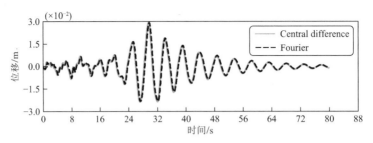

图 5-8　第三层质点位移时程曲线

2）第二层质点位移时程曲线如图 5-9 所示。

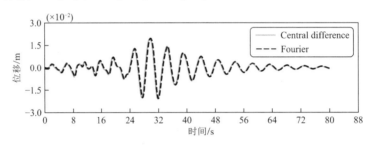

图 5-9　第二层质点位移时程曲线

3）第一层质点位移时程曲线如图 5-10 所示。

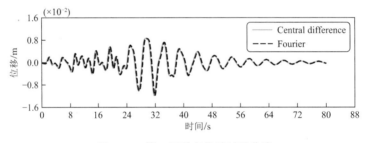

图 5-10　第一层质点位移时程曲线

5.2　复模态振型分解法

在实际工程中，有许多结构体系为非经典阻尼体系，其阻尼不满足正交条件，如土-结构动力相互作用体系、由阻尼不同材料组成的结构体系（如钢-混凝土组合结构）及设置耗能装置的减震控制体系等。这些情况下不能采用实模态振型分解法进行求解，但可将运动方程转化为状态空间形式，并使状态空间表达式中的各特征矩阵成为对称阵。经过这样的转化后，状态方程的特征矩阵就可以满足振型正交的条件，仍可按与实模态振型分解法相同的思路进行求解，只是用状态空间求得的振型是复数，所以该方法称为复模态振型分解法。该方法的基本原理如下。

5.2.1　基本原理

对于有阻尼 N 个自由度体系强迫振动的运动方程为

074

$$[M]\{\ddot{u}\} + [C]\{\dot{u}\} + [K]\{u\} = \{p(t)\} \tag{5-17}$$

设状态变量为 $\{U\} = \begin{Bmatrix} \{u\} \\ \{\dot{u}\} \end{Bmatrix}$，则 $\{\dot{U}\} = \begin{Bmatrix} \{\dot{u}\} \\ \{\ddot{u}\} \end{Bmatrix}$

可将式(5-17)写成状态空间的形式：

$$[M_e]\{\dot{U}\} + [K_e]\{U\} = \{I_e\}p(t) \tag{5-18}$$

式中，

$$[M_e] = \begin{bmatrix} [C] & [M] \\ [M] & [0] \end{bmatrix}, \quad [K_e] = \begin{bmatrix} [K] & [0] \\ [0] & -[M] \end{bmatrix}, \quad \{I_e\} = \begin{Bmatrix} \{I\} \\ \{0\} \end{Bmatrix}$$

与实模态振型分解法类似，取式(5-18)等式右侧为{0}，并令

$$\{U\} = \{\psi_e\}e^{\lambda t}, \quad \{\psi_e\} = \begin{Bmatrix} \{\phi\} \\ \{\phi\}\lambda \end{Bmatrix} \tag{5-19}$$

将式(5-19)代入式(5-18)，由此得特征方程

$$([M_e]\lambda + [K_e])\{\psi_e\}e^{\lambda t} = \{0\} \tag{5-20}$$

相应的频率方程为

$$|\lambda[M_e] + [K_e]| = 0 \tag{5-21}$$

这是一个实系数的 2N 阶复特征值问题，这些特征值和特征向量共轭出现，可表达为

$$\lambda_1, \lambda_2, \cdots, \lambda_n, \bar{\lambda}_1, \bar{\lambda}_2, \cdots, \bar{\lambda}_n, \{\psi_1\}, \{\psi_2\}, \cdots, \{\psi_n\}, \{\bar{\psi}_1\}, \{\bar{\psi}_2\}, \cdots, \{\bar{\psi}_n\}$$

由于所有的 λ_j 和 $\{\psi_j\}$ 都满足式(5-20)，可以证明体系复特征向量关于矩阵 $[M_e]$ 和 $[K_e]$ 正交，即

$$\{\psi_k\}^T[M_e]\{\psi_j\} = 0 \quad (j, k = 1, 2, \cdots, 2N; j \neq k) \tag{5-22}$$

$$\{\psi_k\}^T[K_e]\{\psi_j\} = 0 \quad (j, k = 1, 2, \cdots, 2N; j \neq k) \tag{5-23}$$

将式(5-18)中状态变量{U}表示为复特征向量的线性组合形式，即

$$\{U\} = [\psi_e]\{z\} = \sum_{j=1}^{2N}\{\psi_j\}z_j \tag{5-24}$$

式中，z_j 为对应第 j 阶复振型的广义坐标。将上次代入式(5-18)，得

$$[M_e][\psi_e]\{\dot{z}(t)\} + [K_e][\psi_e]\{z(t)\} = \{I_e\}p(t) \tag{5-25}$$

将式(5-25)两边左乘 $\{\psi_j\}^T$，并利用正交关系，可得到复模态空间的 2N 个微分方程组

$$\dot{z}_j + \lambda_j z_j = \eta_j p_j(t) \quad (j = 1, 2, \cdots, 2N) \tag{5-26}$$

其中，

$$\lambda_j = \frac{b_j}{a_j} \quad (j = 1, 2, \cdots, 2N) \tag{5-27}$$

$$a_j = \{\psi_j\}^T[M_e]\{\psi_j\} \quad (j = 1, 2, \cdots, 2N) \tag{5-28}$$

$$b_j = \{\psi_j\}^T[K_e]\{\psi_j\} \quad (j = 1, 2, \cdots, 2N) \tag{5-29}$$

$$\eta_j = \frac{\{\psi_j\}^T\{I_e\}}{a_i} \quad (j = 1, 2, \cdots, 2N) \tag{5-30}$$

式中，a_j、b_j 和 η_j 分别为复振型质量、复振型刚度和复振型参与系数。

求解式(5-26)，可得到

$$z_j(t) = z_j(0)e^{\lambda_j t} - \eta_j \int_o^t e^{\lambda_j(t-\tau)} p_j(\tau)\,\mathrm{d}\tau \quad (j = 1,2,\cdots,2N) \tag{5-31}$$

式中，$z_j(0)$为广义坐标的初始条件，利用广义坐标与初始状态变量间分解关系可得

$$z_j(0) = \frac{\{\psi_j\}^{\mathrm{T}}\{U(0)\}}{a_i} \tag{5-32}$$

求出z_j后，再利用式(5-24)，即可得到多自由度体系的状态变量$\{U\}$，其中前n项为体系的位移响应，后n项为体系的速度响应。

5.2.2 计算步骤

（1）根据体系参数$[M]$、$[K]$、$[C]$，计算状态方程(5-18)中的各参数$[M_e]$、$[K_e]$；

（2）根据体系的频率方程$|\lambda[M_e] + [K_e]| = 0$，求得体系的各阶频率$\lambda_1, \lambda_2, \cdots \lambda_n$以及$\overline{\lambda}_1, \overline{\lambda}_2, \cdots \overline{\lambda}_n$，再根据特征方程$([M_e]\lambda + [K_e])\{\psi_e\}e^{\lambda t} = \{0\}$，求得相对应的各阶振型$\{\psi_1\}, \{\psi_2\}, \cdots \{\psi_n\}, \{\overline{\psi}_1\}, \{\overline{\psi}_2\}, \cdots, \{\overline{\psi}_n\}$；

（3）依次取每个振型向量$\{\psi_j\}$，代入式(5-27)和式(5-30)，得到λ_j、η_j；

（4）将λ_j、η_j代入式(5-26)，求解各单自由度体系的位移反应z_j；

（5）最后根据$\{U\} = [\psi_e]\{z\} = \sum_{j=1}^{2N}\{\psi_j\}z_j$求得多自由度体系的状态变量$\{U\}$。

由此可以看出，复模态振型分解法的求解过程与实模态振型分解法基本相同，只是多了一个将运动方程转化为状态方程的步骤。

多自由度体系复模态振型分解法的 Python 源代码如下：

```python
def complex_modal_superposition(mass, stiffness, load, delta_time, damping):
    """
    复模态振型分解法
    Parameters
    ----------
    mass 质量矩阵
    stiffness 刚度矩阵
    load 荷载列阵
    delta_time 时间间隔

    Returns
    -------

    """
    # 数据准备
    freedom = len(mass)
    length = len(load)
    zero_mat = np.zeros((freedom, freedom))

    unit = np.zeros(freedom)
    unit[-1] = 1
    mass_temp = np.hstack((damping, mass))
    mass_complex = np.hstack((mass, zero_mat))
    mass_complex = np.vstack((mass_temp, mass_complex))  # 复模态质量矩阵
    stiffness_temp = np.hstack((stiffness, zero_mat))
    stiffness_complex=np.hstack((zero_mat,-mass))
    # 复模态刚度矩阵
```

```
stiffness_complex = np.vstack((stiffness_temp, stiffness_complex))

unit_complex = np.hstack((np.zeros(freedom), unit))  # 2N 维单位向量
[lambda_, phi] = eig(stiffness_complex, mass_complex)
# 这里其实已经计算出了 lambda，但是还是再按照书上的方法再计算一遍
real_lambda = lambda_[0::2]
complex_lambda = lambda_[1::2]
real_phi = phi[:, 0::2]
complex_phi = phi[:, 1::2]
lambda_ = np.hstack((real_lambda, complex_lambda))
phi = np.hstack((real_phi, complex_phi))
# 单自由度体系系数 lambda,nita
a = np.zeros(2 * freedom, dtype=complex)
b = np.zeros(2 * freedom, dtype=complex)
nita = np.zeros(2 * freedom, dtype=complex)
for i in range(len(mass_complex)):
    a[i] = phi[:, i].T @ mass_complex @ phi[:, i]
    b[i] = phi[:, i].T @ stiffness_complex @ phi[:, i]
    nita[i] = phi[:, i].T @ mass_complex @ unit_complex / a[i]
# 开始数值积分
dpm_temp = np.zeros((length, freedom), dtype=complex)
dpm = np.zeros((length, freedom), dtype=complex)
for i in range(2 * freedom):
    quad = 0
    for j in range(length):
        quad += np.e ** (lambda_[i] * j * delta_time) * load[j] * delta_time
        dpm_temp[j] = phi[0:freedom, i] * nita[i] * np.e ** (
                      -lambda_[i] * j * delta_time) * quad

    dpm += dpm_temp
return np.real(dpm)
```

【例 5-3】某三层结构，第 1～3 层的质量分别为 2762kg、2760kg、2300kg，刚度分别为 2.485×10^4N/m、1.921×10^4N/m、1.522×10^4N/m，当采用层剪切模型时，阻尼比为 0.05，阻尼采用 Rayleigh 阻尼，此外考虑了阻尼器的设置，在 1～2 层设置了阻尼器，阻尼器的阻尼值为 Rayleigh 阻尼矩阵对应位置的阻尼乘以 10，阻尼矩阵发生了改变，试采用复模态振型分解法计算结构的响应，并与中心差分法对比。

【解】Python 程序实现如下：

```
if __name__=="__main__":
    # 读取地震波
    quake, delta_time = read_quake_wave("../../res/RSN88_SFERN_FSD172.AT2")
    quake = pga_normal(quake, 0.35)  # 地震波 PGA 设置
    quake = length_normal(quake, 1)  # 设置地震波长度为 1 倍
    layer_shear = LayerShear(np.array([2762, 2760, 2300]),
                    np.array([2.485, 1.921, 1.522]) * 1e4)

    # 添加阻尼器
    c = rayleigh(layer_shear.m, layer_shear.k, 0.05)
    c_r = np.diagonal(c)[:2]*10
    c_r = np.pad(c_r, (0, 1), 'constant', constant_values=(0, 0))
    c += np.diag(c_r)

    load = []
    for i in range(len(quake)):
        load.append(np.array([0, 0, quake[i] * 2300]))
    dpm = complex_modal_superposition(layer_shear.m,
                            layer_shear.k, quake, delta_time, c)
```

```
center_dpm, center_vel, center_acc = center_difference_multiple(layer_shear.m,
                        layer_shear.k, load, delta_time, c,
                        np.array([0, 0, 0]), np.array([0, 0, 0]),
                        len(quake))
response_figure([center_dpm[:, 0], dpm[:, 0]],[["Central difference", "#0080FF", "-"],
            ["Complex modal", "#000000", "--"]],x_tick=8, y_tick=0.002,
            x_length=48,delta_time=0.005, save_file="../res/5.2_1.svg")
response_figure([center_dpm[:, 1], dpm[:, 1]],[["Central difference", "#0080FF", "-"],
            ["Complex modal", "#000000", "--"]],
             x_tick=8, y_tick=0.004, x_length=48,
             delta_time=0.005, save_file="../res/5.2_2.svg")
response_figure([center_dpm[:, 2], dpm[:, 2]],[["Central difference", "#0080FF", "-"],
            ["Complex modal", "#000000", "--"]],
             x_tick=8, y_tick=0.006, x_length=48,
             delta_time=0.005, save_file="../res/5.2_3.svg")
```

采用复模态振型分解法和中心差分法对比计算结果如下：

1）第三层质点位移时程曲线如图 5-11 所示。

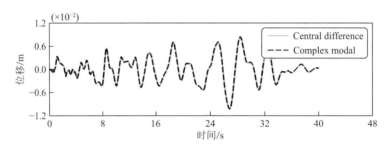

图 5-11　第三层质点位移时程曲线

2）第二层质点位移时程曲线如图 5-12 所示。

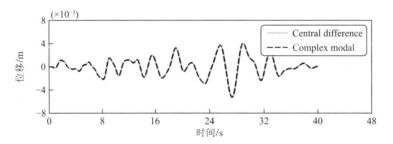

图 5-12　第二层质点位移时程曲线

3）第一层质点位移时程曲线如图 5-13 所示。

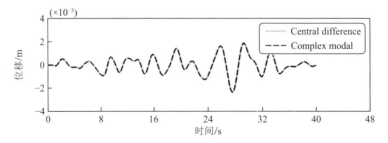

图 5-13　第一层质点位移时程曲线

此外，在上述代码的基础上稍做修改，计算了没有添加阻尼器时的结构响应，计算结果如下：

1）第三层质点位移时程曲线如图 5-14 所示。

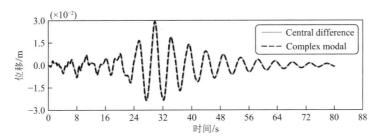

图 5-14　无阻尼器时第三层质点位移时程曲线

2）第二层质点位移时程曲线如图 5-15 所示。

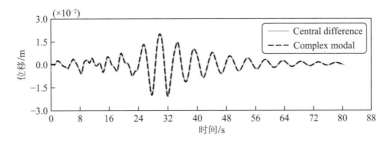

图 5-15　无阻尼器时第二层质点位移时程曲线

3）第一层质点位移时程曲线如图 5-16 所示。

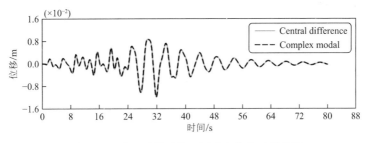

图 5-16　无阻尼器时第一层质点位移时程曲线

5.3　弹性地震反应谱

对工程结构的抗震设计，最大地震反应具有重要意义。而反应谱的意义则在于给出了地震作用下不同周期和阻尼比的单自由度结构地震反应的最大值。

5.3.1　基本原理

结构动力学中研究的一个重要课题是地震作用下结构的动力反应。它不是由直接作用于结构上的动力荷载引起，而是由地震导致的结构基础的运动引起，属于间接作用。如

图 5-17 所示，在水平地震运动u_g作用下，单自由度体系中的质点与地面发生相对运动u，质点共受到三个方面的力的作用，对应的惯性力f_I、阻尼力f_D和弹性恢复力f_S分别为

$$f_I = -m(\ddot{u} + \ddot{u}_g); \qquad f_D = -c\dot{u}; \qquad f_S = -ku \tag{5-33}$$

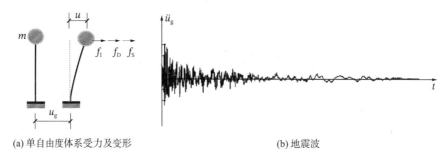

(a) 单自由度体系受力及变形   (b) 地震波

图 5-17   地震作用下单自由度体系动力响应

以质点m为研究对象，根据平衡方程$f_I + f_D + f_S = 0$，有

$$m\ddot{u} + c\dot{u} + ku = -m\ddot{u}_g \tag{5-34}$$

在地震过程中，地面加速度波$\ddot{u}_g$具有不确定性，很难用简单的函数来描述，因此对式(5-34)进行解析求解比较困难，一般采用 Duhamel 积分或其他数值积分方法来求解。

应用 Duhamel 积分，利用式(5-11)，令$p_i(\tau) = -m\ddot{u}_g(\tau)$，则结构地震反应的相对位移为

$$u(t) = -\int_0^t \frac{\ddot{u}_g(\tau)}{\omega_D} e^{-\xi\omega_n(t-\tau)} \sin\omega_D(t-\tau)\,d\tau \tag{5-35}$$

对式(5-35)求导，可以得到质点的相对速度为

$$\dot{u}(t) = -\int_0^t \frac{\ddot{u}_g(\tau)}{\omega_D} e^{-\xi\omega_n(t-\tau)}[-\xi\omega_n \sin\omega_D(t-\tau) + \omega_D \cos\omega_D(t-\tau)]\,d\tau \tag{5-36}$$

在实际工程中，对结构的绝对加速度感兴趣，可通过质点运动方程

$$\ddot{u}(t) + \ddot{u}_g(t) = -2\xi\omega\dot{u}(t) - \omega^2 u(t) \tag{5-37}$$

再结合式(5-35)和式(5-36)可求出结构的绝对加速度

$$\ddot{u}(t) + \ddot{u}_g(t) = \omega_D \int_0^t \ddot{u}_g(\tau) e^{-\xi\omega_n(t-\tau)} \left[\left(1 - \frac{\xi^2}{1-\xi^2}\right) \sin\omega_D(t-\tau) + \right.$$
$$\left. \frac{2\xi}{\sqrt{1-\xi^2}} \cos\omega_D(t-\tau) \right] d\tau \tag{5-38}$$

分别用S_d、S_v和S_a表示最大相对位移、最大相对速度以及最大绝对加速度，且当阻尼比ξ很小时（例如 5%），$\omega_D = \omega_n$，则式(5-35)、式(5-36)和式(5-38)可近似按式(5-39)计算

$$\begin{cases} S_d = \frac{1}{\omega_n} \left| \int_0^t \ddot{u}_g(\tau) e^{-\xi\omega_n(t-\tau)} \sin\omega_n(t-\tau)\,d\tau \right|_{max} \\[3mm] S_v = \left| \int_0^t \ddot{u}_g(\tau) e^{-\xi\omega_n(t-\tau)} \cos\omega_n(t-\tau)\,d\tau \right|_{max} \\[3mm] S_a = \omega_n \left| \int_0^t \ddot{u}_g(\tau) e^{-\xi\omega_n(t-\tau)} \sin\omega_n(t-\tau)\,d\tau \right|_{max} \end{cases} \tag{5-39}$$

对于特定的地震波$\ddot{u}_g$，S_d、S_v和S_a为阻尼比ξ和结构周期$T(t = 2\pi/\omega_n)$的函数，通过改变ξ和T，可以得到一系列曲线$S_d(\xi, T)$，$S_v(\xi, T)$，$S_a(\xi, T)$，这些曲线分别称为相对位移反应谱、相对速度反应谱和绝对加速度反应谱。

反应谱曲线可用图 5-18 计算得到。受相同地震作用的一系列单自由度体系，假定阻尼比为ξ_2，质点之间的固有周期不同，由小到大排列分别为$T_1, T_2, T_3, \cdots$，按式(5-39)计算各质点的地震响应，再将各个质点的时程响应最大值$S_a(\xi_2, T_1)$，$S_a(\xi_2, T_2)$，$S_a(\xi_2, T_3)$，$\cdots$，按固有周期大小的顺序连接起来，该曲线即为加速度反应谱曲线。如果改变阻尼比ξ，按上述相同的方法计算，可以得到另一条反应谱曲线。依次类推，重复计算可以得到一组曲线。

采用同样的思路可以计算得到位移反应谱$S_d(\xi, T)$和速度反应谱$S_v(\xi, T)$。

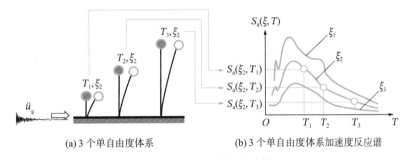

(a) 3 个单自由度体系　　　　(b) 3 个单自由度体系加速度反应谱

图 5-18　反应谱曲线计算

由于反应谱只取其最大值，当阻尼比较小时，式(5-39)中的正弦和余弦没有区别，则有

$$\begin{cases} S_v(\xi, T) \approx \omega_n S_d(\xi, T) = PS_v(\xi, T) \\ S_a(\xi, T) \approx \omega_n^2 S_d(\xi, T) = PS_a(\xi, T) \end{cases} \tag{5-40}$$

工程中常用到伪反应谱。所谓伪反应谱是指当获得相对位移反应谱$S_d(\xi, T)$后，通过公式(5-40)可以获得伪速度反应谱$PS_v(\xi, T)$和伪加速度反应谱$PS_a(\xi, T)$。

伪加速度反应谱$PS_a(\xi, T)$，对应的是单自由度体系的最大抗力F_{max}，具体表述如下：

$$mPS_a(\xi, T) = m\left(\sqrt{\frac{k}{m}}\right)^2 S_d(\xi, T) = kS_d(\xi, T) = F_{max} \tag{5-41}$$

在基于承载力的结构抗震设计方法中，常用的是伪加速度反应谱$PS_a(\xi, T)$，而非绝对加速度反应谱$S_a(\xi, T)$，因为伪加速度反应谱与结构的地震抗力相对应，可直接基于地震抗力对结构或构件进行承载力设计。

由式(5-38)和式(5-39)可知，当阻尼比$\xi = 0$时，有以下关系：

$$S_a(\xi, T) = \omega_n^2 S_d(\xi, T) = PS_d(\xi, T) \tag{5-42}$$

式(5-42)表明，当不考虑阻尼时，加速度反应谱与伪加速度反应谱是相等的，当考虑阻尼时，阻尼比越大，两者的差异越大。

5.3.2　计算步骤

（1）给定地面加速度时程$\ddot{u}_g(t)$。

（2）选择单自由度体系的阻尼比ξ和需要计算的周期点。周期范围可根据实际情况选取，比如取$T_{min} = 0.01s$，$T_{max} = 6.0s$，取$\Delta T = 0.01s$。

（3）选取当前周期值T_i，并选取适当的时程分析方法（如第 7 章介绍的方法）计算周期为T_i的单自由度体系在地面加速度为$\ddot{u}_g(t)$作用下的反应。考虑到效率和计算精度，通常分段解析法（相应 Python 通用程序详见第 6 章）是计算弹性反应谱较好的方法。

（4）按照式(5-39)和式(5-40)计算周期点T_i对应的反应谱和伪反应谱值。

（5）选择新的周期点$T_{i+n} = T_i + n\Delta T$，重复第（3）～（4）步。

（6）将上述得到的一系列地震反应（竖轴）及相应的结构周期（横轴）用图形表示，即可得到地面加速度时程$\ddot{u}_g(t)$在结构阻尼比为ξ时的各种反应谱。

基于以上步骤，编写了支持使用各种方法计算反应谱的函数，伪加速度谱和绝对加速度谱的计算代码实现如下：

```python
def pse_spectrum(quake_wave, delta_time, func):
    """
    反应谱计算函数,这里计算的加速度反应谱是伪加速度反应谱
    Parameters
    ----------
    quake_wave 需要计算反应谱的地震波
    delta_time 时间间隔
    func 计算反应谱的方法

    Returns 位移谱，速度谱，加速度谱
    -------

    """
    ts = np.arange(0.01, 1, 0.01)
    ts = np.hstack((ts, np.arange(1.05, 2, 0.05)))
    ts = np.hstack((ts, np.arange(2.1, 3, 0.1)))
    ts = np.hstack((ts, np.arange(3.2, 4, 0.2)))
    ts = np.hstack((ts, np.arange(4.5, 6, 0.5)))
    length = len(ts)
    spectrum_dpm, spectrum_vel, spectrum_acc = np.zeros(length), np.zeros(length),
np.zeros(length)
    for i in range(len(ts)):
        omega = 2 * np.pi / ts[i]
        k = omega ** 2
        print("\r 正在计算 Ts:%.3fs"%ts[i], end="")
        # func 是传进来的不同的计算方法，其传参格式均被规整化了，可以直接调用
        dpm = func(mass=1, stiffness=k, load=quake_wave, delta_time=delta_time,
                   damping_ratio=0.05)
        # 对位移谱进行 Fourier 逆变换，得到时域位移，并取相应最大值
        if type(dpm) == tuple:  # 如果是用逐步积分法算出来的
            dpm = dpm[0]
        spectrum_dpm[i] = np.max(np.abs(dpm))
        spectrum_vel[i] = spectrum_dpm[i] * omega
        spectrum_acc[i] = spectrum_vel[i] * omega
    print()
    return spectrum_dpm, spectrum_vel, spectrum_acc


def abs_spectrum(quake_wave, delta_time, func):
    """
    反应谱计算函数,这里计算的加速度反应谱是绝对反应谱,并且由于绝对反应谱计算时需要计算加速度响应，所以
Fourier 变换和 Duhamel 积分适用性不再很好，这里建议采用分段解析法计算。
    Parameters
    ----------
    quake_wave 需要计算反应谱的地震波
```

```
        delta_time 时间间隔

        Returns 位移谱，速度谱，加速度谱
        -------

        """
        ts = np.arange(0.01, 1, 0.01)
        ts = np.hstack((ts, np.arange(1.05, 2, 0.05)))
        ts = np.hstack((ts, np.arange(2.1, 3, 0.1)))
        ts = np.hstack((ts, np.arange(3.2, 4, 0.2)))
        ts = np.hstack((ts, np.arange(4.5, 6, 0.5)))
        length = len(ts)
        spectrum_dpm, spectrum_vel, spectrum_acc = np.zeros(length), np.zeros(length),
    np.zeros(length)
        for i in range(len(ts)):
            omega = 2 * np.pi / ts[i]
            k = omega ** 2
            print("\r 正在计算 Ts:%.3fs"%ts[i], end="")
            # func 是传进来的不同的计算方法，其传参格式均被规整化了，可以直接调用
            dpm, vel, acc = func(mass=1, stiffness=k, load=quake_wave,
                        delta_time=delta_time,damping_ratio=0.05)
            # 统计并记录
            spectrum_dpm[i] = np.max(np.abs(dpm))
            spectrum_vel[i] = np.max(np.abs(vel))
            spectrum_acc[i] = np.max(np.abs(acc))
        print()
        return spectrum_dpm, spectrum_vel, spectrum_acc
```

【例 5-4】请使用 Fourier 变换、分段解析法两种方法，计算在 PGA = 35cm/s^2 时，RSN88_SFERN_FSD172 地震波的加速度、速度和位移反应谱。

【解】Python 程序实现如下：

```
if __name__=="__main__":
    # 因为工程中使用伪加速度谱比较广泛，这里仅展示伪加速度谱的计算
    quake_wave, delta_time = read_quake_wave("../../res/RSN88_SFERN_FSD172.AT2")
    quake_wave = pga_normal(quake_wave, 0.35)

    spectrum_dpm_1, spectrum_vel_1, spectrum_acc_1 = pse_spectrum(quake_wave,
                                                      delta_time,
                                                      fourier)
    spectrum_dpm_2, spectrum_vel_2, spectrum_acc_2 = pse_spectrum(quake_wave,
                                                      delta_time,segmented_parsing)

    spectrum_figure(spectrum_acc_1, "acc/m•s$^{-2}$",
                y_length=2, save_file="fourier_acc_spectrum.svg")
    spectrum_figure(spectrum_vel_1, "vel/m•s$^{-1}$",
                y_length=0.1, save_file="fourier_vel_spectrum.svg")
    spectrum_figure(spectrum_dpm_1, "dpm/m",
                y_length=0.08, save_file="fourier_dpm_spectrum.svg")
    spectrum_figure(spectrum_acc_2, "acc/m•s$^{-2}$",
                y_length=2, save_file="seg_acc_spectrum.svg")
    spectrum_figure(spectrum_vel_2, "vel/m•s$^{-1}$",
                y_length=0.1, save_file="seg_vel_spectrum.svg")
    spectrum_figure(spectrum_dpm_2, "dpm/m",
                y_length=0.08, save_file="seg_dpm_spectrum.svg")
```

程序输出结果如下：

1）RSN88_SFERN_FSD172 地震波的加速度反应谱如图 5-19 所示。

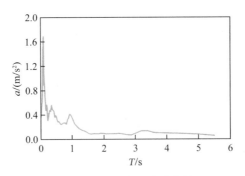

图 5-19　加速度反应谱曲线

2）RSN88_SFERN_FSD172 地震波的速度反应谱如图 5-20 所示。

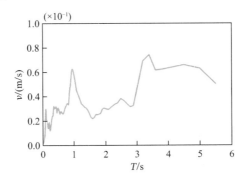

图 5-20　速度反应谱曲线

3）RSN88_SFERN_FSD172 地震波的位移反应谱如图 5-21 所示。

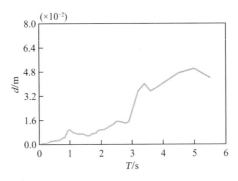

图 5-21　位移反应谱曲线

　　此外，在选取计算方法时需要注意的一点就是：计算地震波反应谱的方法应该是无条件稳定的方法，因为在周期非常小的时候，有条件稳定的方法会不满足收敛条件而无法计算。

　　例如在本题中，读者可以尝试使用中心差分法计算，在周期非常小的时候，程序会报错：

```
RuntimeWarning: invalid value encountered in scalar subtract
  equ_p = load[i] - (stiffness - a) * dpm[i] - b * dpm[i - 1]
```

　　这是因为在 $T_s = 0.01\mathrm{s}$ 时，此时 $\Delta t = 0.05\mathrm{s} > \dfrac{T_n}{\pi} \approx 0.0032\mathrm{s}$，不满足中心差分法的收敛条件，程序计算就会发散而产生报错。

5.4 振型分解反应谱法

通过第 5.1～5.2 节介绍的振型分解法，可求得结构在地震作用下全时程的结构动力反应。由于工程中一般最关心结构在地震作用下内力的最大值。因此，在实际结构抗震设计中，针对结构线弹性地震反应问题，常采用振型分解反应谱法。

振型分解反应谱是在振型分解法的基础上，通过引入反应谱，以获得对应单自由度体系的地震反应最大值。

5.4.1 基于振型分解法的弹性地震响应计算

在式(5-1)中，当取 $\{p(t)\} = -[M]\{I\}\ddot{u}_g$ 时，则地震作用下 N 个自由度体系运动方程为

$$[M]\{\ddot{u}\} + [C]\{\dot{u}\} + [K]\{u\} = -[M]\{I\}\ddot{u}_g \tag{5-43}$$

通过正则坐标 $\{u\} = [\phi]\{q\}$ 解耦，可得到 N 个独立的单自由度体系运动方程

$$\ddot{q}_i + 2\xi_i\omega_i\dot{q}_i + \omega_i^2 q_i = -\gamma_i\ddot{u}_g \quad (i = 1,2,\cdots,N) \tag{5-44}$$

式中，γ_i 为第 i 阶振型的振型参与系数，其表达式为

$$\gamma_i = \frac{\{\phi\}_i^{\mathrm{T}}[M]\{I\}}{M_i} \tag{5-45}$$

令 $q_i = \gamma_i q_{i0}$，将其代入式(5-44)，有

$$\ddot{q}_{i0} + 2\xi_i\omega_i\dot{q}_{i0} + \omega_i^2 q_{i0} = -\ddot{u}_g \quad (i = 1,2,\cdots,N) \tag{5-46}$$

利用数值积分可求得与第 i 阶振型对应的位移反应 q_{i0}，再将 N 阶振型的反应组合，得到多自由度体系总的地震反应 $\{u(t)\}$，具体求解过程如图 5-22 所示。

$$\{u(t)\} = [\phi]\{q\} = \sum_{i=1}^{N}\gamma_i q_{i0}(t)\{\phi\}_i \quad (i = 1,2,\cdots,N) \tag{5-47}$$

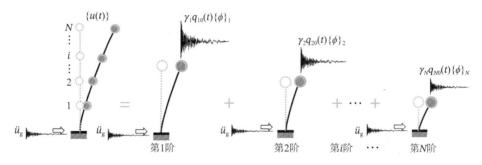

图 5-22 多自由度体系振型分解法原理示意图

由此可知，振型分解法对解耦后的单自由度体系平衡方程进行数值积分，获得结构的地震反应时程。

5.4.2 等效地震力

地震作用是间接作用，工程中一般将地震作用等效为某种形式的静力荷载施加在结构上，使结构产生的反应与结构在地震作用下的实际反应相等，该静力荷载称为等效地震力。

一般可以通过弹性恢复力和惯性力这两个角度进行描述。例如，在单自由度体系中，结构的等效地震力 f 作用下产生的相对变形 u 与地震作用下结构的实际相对变形相等，则等效地震力为 $f = ku$；同样，等效地震力 f 也可表达为体系的惯性力 $f = -m(\ddot{u} + \ddot{u}_g)$。由体系运动方程可知，当忽略阻尼影响时，这两种方式是相等的。

（1）根据伪加速度反应谱求解最大等效地震力

当考虑等效地震力等于结构恢复力时，多自由度体系等效地震力可表示为

$$\{F(t)\} = [K]\{u(t)\} = \sum_{i=1}^{N} \gamma_i q_{i0}(t)[K]\{\phi\}_i \quad (i = 1,2,\cdots,N) \tag{5-48}$$

对第 i 阶振型，其等效地震力向量为

$$\{F(t)\}_i = \gamma_i q_{i0}(t)[K]\{\phi\}_i \tag{5-49}$$

在式(5-49)中，其最大等效地震力为

$$\{F\}_{i,\max} = \gamma_i |q_{i0}(t)|_{\max}[K]\{\phi\}_i \tag{5-50}$$

式中，$|q_{i0}(t)|_{\max}$ 是第 i 阶振型对应的单自由度体系的相对位移峰值，亦即位移反应谱 $S_d(\xi_i, T_i)$。

由于

$$\begin{cases} [K]\{\phi\}_i = \omega_i^2 [M]\{\phi\}_i \\ |q_{i0}(t)|_{\max} = S_d(\xi_i, T_i) = PS_a(\xi_i, T_i)/\omega_i^2 \end{cases} \tag{5-51}$$

将式(5-51)代入式(5-50)，有

$$\{F(t)\}_{i,\max} = PS_a(\xi_i, T_i) \cdot \gamma_i [M]\{\phi\}_i \tag{5-52}$$

（2）根据绝对加速度反应谱求解最大等效地震力

当考虑等效地震力等于结构惯性力时，多自由度体系等效地震力可表示为

$$\{F(t)\} = -[M]\big[\{\ddot{u}(t)\} + \{I\}\ddot{u}_g(t)\big] \tag{5-53}$$

根据振型关于质量矩阵的正交性可得

$$\sum_{i=1}^{N} \gamma_i \{\phi\}_i = \{I\} \tag{5-54}$$

将式(5-54)左乘地震加速度 $\ddot{u}_g(t)$，则有

$$\{I\}\ddot{u}_g(t) = \ddot{u}_g(t)\sum_{i=1}^{N} \gamma_i \{\phi\}_i \tag{5-55}$$

再根据式(5-47)有

$$\{\ddot{u}(t)\} = [\phi]\{\ddot{q}\} = \sum_{i=1}^{N} \gamma_i \ddot{q}_{i0}(t)\{\phi\}_i \tag{5-56}$$

将式(5-55)和式(5-56)代入(5-53)得

$$\{F(t)\} = -[M]\left[\sum_{i=1}^{N} \gamma_i \{\phi\}_i \ddot{q}_{i0}(t) + \sum_{i=1}^{N} \gamma_i \{\phi\}_i \ddot{u}_g(t)\right] \tag{5-57}$$

对第 i 阶振型，其等效地震力向量为

$$\{F(t)\}_i = -[M]\gamma_i \{\phi\}_i \big[\ddot{q}_{i0}(t) + \ddot{u}_g(t)\big] \tag{5-58}$$

在式(5-58)中，其最大等效地震力为

$$\{F\}_{i,\max} = [M]\gamma_i \{\phi\}_i |\ddot{q}_{i0}(t) + \ddot{u}_g(t)| \tag{5-59}$$

式中，$|\ddot{q}_{i0}(t) + \ddot{u}_g(t)|$ 是第 i 阶振型对应的单自由度体系的绝对加速度峰值，即绝对加速度反应谱 $S_a(\xi_i, T_i)$，则有

$$\{F\}_{i,\max} = S_a(\xi_i, T_i) \cdot \gamma_i [M]\{\phi\}_i \tag{5-60}$$

通过对比式(5-52)和式(5-60)可知，两者在形式上是一致的。但在计算时需要将伪加速度反应谱 $PS_a(\xi_i, T_i)$ 和绝对加速度反应谱 $S_a(\xi_i, T_i)$ 进行区分，具体可参考第 5.3.1 节。

5.4.3 设计反应谱

式(5-52)和式(5-60)中用到的 $PS_a(\xi_i, T_i)$ 和 $S_a(\xi_i, T_i)$ 均是某个具体地震波的反应谱。由于每条地震动记录都可以计算出反应谱，且形状各异，无法直接用于抗震设计。实际结构抗震设计中采用的反应谱是规范给出的设计反应谱，是根据大量强震记录计算得到的具有统计意义的反应谱曲线。

我国《建筑抗震设计规范》GB 50011—2010（2016 年版）中的设计反应谱是以地震影响系数 $\alpha(T)$ 的形式给出，如图 5-23 所示。

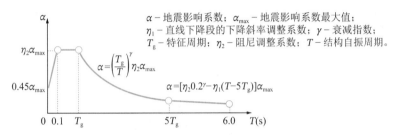

图 5-23 规范设计反应谱

地震影响系数 $\alpha(T)$ 可表达为

$$\alpha(T) = S_a(\xi, T)/g \tag{5-61}$$

式中，$S_a(\xi, T)$ 为绝对加速度反应谱，g 为重力加速度。

定义了设计反应谱的 Python 源代码实现如下：

```
def design_spectrum(ts, damping_ratio, t_g=0.35, alpha_max=0.08):
    """
    依据抗震规范定义的设计反应谱函数
    Parameters
    ----------
    ts 结构周期
    damping_ratio 结构阻尼比
    t_g 特征周期
    alpha_max 地震影响系数最大值
    Returns 地震影响系数
    -------

    """
    gamma = 0.9 + (0.05 - damping_ratio) / (0.3 + 6 * damping_ratio)
    nita1 = 0.02 + (0.05 - damping_ratio) / (4 + 32 * damping_ratio)
    nita2 = 1 + (0.05 - damping_ratio) / (0.08 + 1.6 * damping_ratio)

    if nita1 < 0:
        nita1 = 0
    if nita2 < 0.55:
        nita2 = 0.55
```

```
if ts < 0.1:
    return 0.45 + alpha_max + ts * (nita2 - 0.45) * alpha_max / 0.1
elif ts < t_g:
    return nita2 * alpha_max
elif ts < 5 * t_g:
    return (t_g / ts) ** gamma * nita2 * alpha_max
else:
    return (nita2 * 0.2 ** gamma - nita1 * (ts - 0.5 * t_g)) * alpha_max
```

5.4.4　振型组合

求出第 i 振型的最大等效地震力 $\{F\}_{i,\max}$ 后，即可按静力分析的方法计算结构和构件的地震作用效应 S_i（弯矩、剪力、轴力和变形）。根据振型分解反应谱法确定的相应于各振型的最大等效地震力均为最大值，导致求得的地震作用效应 S_i 也是最大值。但是，相应于各振型的最大地震作用效应 S_i 不会同时发生，直接将各振型最大地震效应简单叠加，计算结果显然会偏大，这样就出现了如何将 S_i 进行组合，以确定合理的地震作用效应问题。

通过随机振动理论分析，对水平地震作用效应，我国《建筑抗震设计规范》GB 50011—2010（2016 年版）给出的振型组合方式有两种，即 SRSS 法（平方和开平方方法：Square Root of Sum Square Method）和 CQC 法（完全二次项平方根法：Complete Quadratic Combination Method）。

（1）SRSS 法

该方法适用于振型比较稀疏、振型间耦联性较小的情况，在《建筑抗震设计规范》GB 50011—2010（2016 年版）中的适用条件为"相邻振型的周期比小于 0.85"，具体公式为

$$S_{\mathrm{Ek}} = \sqrt{\sum_{i=1}^{m} S_i^2} \tag{5-62}$$

式中，S_i 为第 i 振型地震作用效应（标准值），S_{Ek} 为组合后地震作用效应（标准值），m 为计算时所考虑的前 m 阶振型。

SRSS 方法的 Python 源代码实现如下：

```
def srss(arr, damping_ratio=None, omega=None):
    return np.sqrt(np.sum(np.square(arr), axis=1))
```

（2）CQC 法

该方法适用于振型比较密集、振型间耦联性比较明显的情况，常用于考虑平-扭耦联振动的多质点弹性体系（相邻振型的周期比大于等于 0.85），具体公式为

$$S_{\mathrm{Ek}} = \sqrt{\sum_{i=1}^{m}\sum_{k=1}^{m} \rho_{ik} S_i S_k} \tag{5-63}$$

$$\rho_{ik} = \frac{8\sqrt{\xi_i \xi_k}(\xi_i + \lambda_{\mathrm{T}}\xi_k)\lambda_{\mathrm{T}}^{1.5}}{\left(1 - \lambda_{\mathrm{T}}^2\right)^2 + 4\xi_i\xi_k\left(1 + \lambda_{\mathrm{T}}^2\right)\lambda_{\mathrm{T}} + 4\left(\xi_i^2 + \xi_k^2\right)\lambda_{\mathrm{T}}^2} \tag{5-64}$$

式中，ξ_i、ξ_k 分别为第 i 阶和第 k 阶振型的阻尼比；ρ_{ik} 为第 i 阶和第 k 阶振型的耦联系数；

λ_T为第k阶振型和第i阶振型的自振周期比。

CQC 方法的 Python 源代码实现如下：

```python
def cqc(arr, damping_ratio=None, omega=None):
    freedom = len(arr)
    # 计算偶联系数
    result = np.zeros(freedom)
    for i in range(freedom):
        for j in range(freedom):
            # 计算周期之比
            lambda_ = omega[j] / omega[i]  # 周期之比为频率的反比
            if lambda_ > 1:
                # 总是让该系数小于 1
                lambda_ = 1 / lambda_
            temp1 = 8 * (damping_ratio[i] * damping_ratio[j]) ** 0.5 * (
                damping_ratio[i] + lambda_ * damping_ratio[j]) * lambda_ ** 1.5
            temp2 = (1-lambda_**2)**2+4*damping_ratio[i]*damping_ratio[j] * (
                1 + lambda_ ** 2) * lambda_ + 4 * (
                damping_ratio[i]** 2 + damping_ratio[j] ** 2) * lambda_ ** 2
            rho = temp1 / temp2

            result += rho * arr[:, i] * arr[:, j]

    return np.sqrt(result)
```

5.4.5　计算步骤

（1）根据结构参数求结构质量矩阵和刚度矩阵；

（2）根据第 4 章的结构动力特性计算方法，求得结构的各阶振型$\{\phi\}_i$和频率ω_i，并计算各振型参与系数γ_i；

（3）根据式(5-52)或式(5-60)计算各振型的等效地震力$\{F\}_{i,\max}$，当采用规范进行抗震设计时，则参照设计反应谱中的地震影响系数$\alpha(T)$，按照式(5-61)进行计算；

（4）按静力分析的方法计算结构和构件的地震作用效应S_i；

（5）采用 SRSS 法或 CQC 法，求出组合后地震作用效应S_{Ek}，要求参与组合的振型参与质量达到总质量的 90%，以此来确定振型参与个数m。

计算振型参与质量的 Python 源代码实现如下：

```python
def modal_mass(mass, phi):
    """
    振型参与质量系数
    Parameters
    ----------
    mass 刚度矩阵
    phi 该结构的振型

    Returns 振型参与质量系数数组
    -------

    """
    freedom = len(mass)
    gamma_n = np.zeros(freedom)  # 振型参与系数
    each_shear_m = np.diagonal(mass)  # 各自由度的质量
    mass_e = np.zeros((freedom, freedom))  # 各振型在各层的参与质量
    result = np.zeros(freedom)  # 振型参与质量系数
```

```
for i in range(freedom):
    # 计算振型参与质量系数
    mass_n = phi[:, i].T @ mass @ phi[:, i]
    gamma_n[i] = (phi[:, i].T @ mass @ np.ones(freedom)) / mass_n
for i in range(freedom):
    for j in range(freedom):
        mass_e[i, j] = gamma_n[j] * phi[i, j] * each_shear_m[i]
mass_e = np.sum(mass_e, axis=1)
mass_sum = np.sum(mass_e)
for i in range(freedom):
    result[i] = sum(mass_e[:i + 1]) / mass_sum

return result
```

振型分解法反应谱计算的 Python 源代码实现如下：

```
def modal_response_spectrum(mass, stiffness, damping_ratio=None, func=srss):
    """
    振型分解反应谱法计算地震响应，本程序计算模态时直接采用了 Python 中给出的
eig 函数，使用 vibration_mode.py 文件中的任一计算方法也是可行的。
    此外，因为本文例子的振型数少，所以本函数直接采用了所有振型参与计算，而非严格按照规范讨论前 90%，但给出了
计算各振型的振型参与质量系数的函数：modal_mass。
    Parameters
    ----------
    mass 质量矩阵
    stiffness 刚度矩阵
    damping_ratio 阻尼比
    func 计算方法:SRSS 或者 CQC

    Returns 楼层剪力
    -------

    """
    [omega, phi] = eig(stiffness, mass)  # 计算频率，振型
    sort_num = omega.argsort()  # 计算真实频率，开平方
    # 按照升序排列
    omega = np.sqrt(omega[sort_num]).real
    phi = phi.T[sort_num].T
    freedom = len(mass)  # 自由度
    gamma_n = np.zeros(freedom)  # 振型参与系数
    equ_quake_force = np.zeros((freedom, freedom))  # 各振型的等效地震力
    force = np.zeros((freedom, freedom))  # 真实楼层剪力
    alpha = np.zeros(freedom)  # 各振型的地震影响系数
    modal_damping=np.zeros(freedom)

    for i in range(freedom):
        # 计算振型参与系数
        mass_n = phi[:, i].T @ mass @ phi[:, i]
        gamma_n[i] = (phi[:, i].T @ mass @ np.ones(freedom)) / mass_n
        # 计算等效地震力
        ts = 2 * np.pi / omega[i]
        temp_alpha = 2 * damping_ratio / (
                    omega[0] + omega[1]) * np.array([omega[0] * omega[1], 1])
        modal_damping[i] = temp_alpha[0] / (
                    2 * omega[i]) + temp_alpha[1] * omega[i] / 2
        alpha[i] = design_spectrum(ts, modal_damping[i])
        equ_quake_force[:, i] = alpha[i] * 9.8 * gamma_n[i] * mass @ phi[:, i]
        for j in range(freedom):
            force[j, i] = np.sum(equ_quake_force[j:freedom, i])

    return func(force, modal_damping, omega)
```

【例 5-5】某三层结构，第 1～3 层的质量分别为 2762kg、2760kg、2300kg，刚度分别为 2.485×10^4N/m、1.921×10^4N/m、1.522×10^4N/m，当采用层剪切模型时，阻尼比为 0.05，阻尼采用 Rayleigh 阻尼。以振型分解反应谱法为基础，采用 SRSS 和 CQC 两种方法，计算结构在抗震设计规范谱下的各楼层剪力。

【解】Python 程序实现如下：

```
if __name__=="__main__":
    layer_shear = LayerShear(np.array([2762, 2760, 2300]),
                        np.array([2.485, 1.921, 1.522]) * 1e4)
    force_srss = modal_response_spectrum(layer_shear.m, layer_shear.k, 0.05, srss)
    force_cqc = modal_response_spectrum(layer_shear.m, layer_shear.k, 0.05, cqc)
    [omega, phi] = eig(layer_shear.k, layer_shear.m)
    sort_num = np.argsort(omega)
    omega = np.sqrt(omega[sort_num])
    phi = phi[sort_num]
    modal_mass1 = modal_mass(layer_shear.m, phi)
    print("振型参与质量系数: ")
    print(modal_mass1)
    print("SRSS 方法楼层剪力: ")
    print(force_srss)
    print("CQC 方法楼层剪力: ")
    print(force_cqc)
```

　　程序输出结果如下：

```
振型参与质量系数:
[0.41046001 0.74917233 1.        ]
SRSS 方法楼层剪力:
[770.75861137 622.93280719 352.92736559]
CQC 方法楼层剪力:
[772.79306978 622.57186035 350.70010111]
```

《第6章》

时程分析法求解结构动力反应

在实际工程中，很多动力荷载既不是简谐荷载，也不是周期荷载，而是随时间任意变化的荷载。当外荷载为解析函数时，一般可以得到结构动力反应的解析解；当外荷载变化复杂时通常无法得到解析解，但通过数值计算可以得到结构动力反应的数值解。时程分析法是在时域内进行结构动力反应分析的数值分析方法。

本章主要介绍 Duhamel 积分法和几种常见的逐步积分法（Step-by-step Method），如分段解析法、中心差分法、Newmark-β法和 Wilson-θ法等，并利用该方法分别对结构进行线性动力反应分析和非线性（材料非线性、几何非线性和接触非线性）动力反应分析。

6.1 结构线性动力计算

6.1.1 Duhamel 积分

当单自由度体系在任意荷载作用下作有阻尼强迫振动时（图 6-1），可以把整个荷载作用看成是无数个瞬时冲击荷载的连续作用之和。

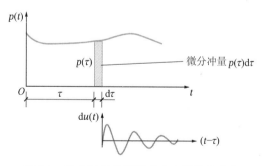

图 6-1 微分冲量作用下单自由度体系响应

在极短的dτ时间内，由微分冲量$p(\tau)$dτ引起的质点位移应为d$u(t)$

$$\mathrm{d}u(t) = \frac{p(\tau)\,\mathrm{d}\tau}{m\omega_\mathrm{D}} \mathrm{e}^{-\xi\omega_\mathrm{n}(t-\tau)} \sin \omega_\mathrm{D}(t-\tau) \tag{6-1}$$

式中，ξ、ω_n分别为结构的阻尼比和无阻尼时结构的频率；ω_D为有阻尼时结构的频率，且$\omega_\mathrm{D} = \omega_\mathrm{n}\sqrt{1-\xi^2}$。

对上式从$\tau = 0$ 到$\tau = t$进行积分，即得初始处于静止状态的单自由度体系在一般动荷载作用下的位移反应为

$$u(t) = \frac{1}{m\omega_D} \int_0^t p(\tau)\mathrm{e}^{-\xi\omega_n(t-\tau)} \sin\omega_D(t-\tau)\,\mathrm{d}\tau \tag{6-2}$$

该式称为有阻尼单自由度体系的 Duhamel 积分。

但当外荷载不能用解析函数表达时，则式(6-2)需按等时间间隔$\Delta\tau$进行离散，用数值方法来计算：

$$u(t) = \frac{1}{m\omega_D} \sum_{i=1}^n p(\tau_i)\mathrm{e}^{-\xi\omega_n(t-\tau_i)} \sin\omega_D(t-\tau_i)\Delta\tau \tag{6-3}$$

当外荷载可以用解析函数表达时，对应的 Duhamel 积分解析法的 Python 源代码如下：

```python
def duhamel_parse(mass, stiffness, load, delta_time,
            damping_ratio=0.05, result_length=4000):
    """
    Duhamel 积分的计算程序
    选取的应用场景为单自由度有阻尼体系在具有解析表达的外荷载影响下的振动
    注意: 本程序只支持解析荷载计算
    Parameters
    ----------
    load 荷载
    mass 质量
    stiffness 刚度
    damping_ratio 阻尼比
    Returns 位移
    -------
    """
    omega_n = (stiffness / mass) ** 0.5  # 无阻尼自由振动周期
    omega_d = omega_n * (1 - damping_ratio ** 2) ** 0.5  # 有阻尼自由振动周期
    dpm = np.zeros(int(result_length))

    def func(tau):
        """
        duhamel 被积函数
        """
        return load(tau) * np.e ** (
                -damping_ratio * omega_n * (t - tau)) * np.sin(omega_d * (t - tau))

    for i in range(len(dpm)):
        t = i * delta_time
        dpm[i] = 1 / omega_d * integrate.quad(func, 0, t)[0]

    return dpm
```

当外荷载不能用解析函数表达时，可以采用 Duhamel 积分数值法求解，对应的 Python 源代码如下：

```python
def duhamel_numerical(mass, stiffness, load, delta_time,
            damping_ratio=0.05, result_length=0):
    """
    Duhamel 积分数值计算程序
    """
    if result_length == 0:
        result_length = int(1.2 * len(load))
    load = np.pad(load, (0, result_length - len(load)))  # 末端补零
    omega_n = (stiffness / mass) ** 0.5  # 无阻尼自由振动周期
    omega_d = omega_n * (1 - damping_ratio ** 2) ** 0.5  # 有阻尼自由振动周期
    dpm = np.zeros(result_length)  # 初始化位移
    for i in range(result_length):
        t = i * delta_time
```

```
        dpm_temp = 0
        for j in range(i):
            tau = j * delta_time
            dpm_temp += load[j] * np.e ** (
                    -damping_ratio * omega_n * (t - tau)) * np.sin(
                    omega_d * (t - tau)) * delta_time
        dpm[i] = dpm_temp / (omega_d * mass)
    return dpm
```

【例 6-1】对于一个单自由度的体系，质量 m = 1kg，刚度 k = 1N/m，阻尼比为 0.05。初始状态下体系的处于静止状态，当 t = 0s 时刻作用一个大小为 $p(t) = \sin(t)$ 的荷载，作用时间为 40s，求体系在 t = 48s 内的位移时程，试采用 Duhamel 积分解析法和 Duhamel 积分数值法分别求解单自由度体系的位移响应。

【解】Python 程序实现如下：

```
if __name__ == "__main__":
    load = np.sin(np.arange(0, 40, 0.02))
    dpm_parse = duhamel_parse(1, 1, np.sin, 0.02, result_length=48/0.02)
    dpm_numerical = duhamel_numerical(1, 1, load, 0.02)
    response_figure([dpm_parse, dpm_numerical],
                    [["Parse", "#0080FF", "-"], ["Numerical", "#000000", "--"]],
                    x_tick=8, y_tick=10, x_length=48,
                    delta_time=0.02, save_file="../res/6.1.1.svg"
                    )
```

程序运行结果如图 6-2 所示（Parse 曲线对应解析法，Numerical 曲线对应数值法）。

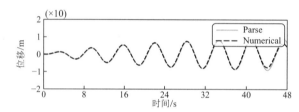

图 6-2　两种方法计算所得位移时程曲线对比

6.1.2　分段解析法

分段解析法一般适用于单自由度体系动力反应分析。在该方法中，对外荷载 $p(t)$ 进行离散化处理，相当于对连续函数的采样。在采样点之间的荷载值采用线性内插取值，外荷载的离散过程如图 6-3 所示，图中离散时间点的荷载为

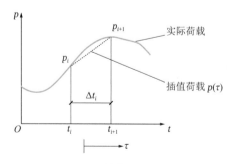

图 6-3　外荷载的离散

$$p_i = p(t_i) \quad (i = 0,1,2,\cdots,\infty) \tag{6-4}$$

分段解析法的误差仅来自对外荷载的假设，假定在$t_i \leqslant t \leqslant t_{i+1}$时段内

$$p(\tau) = p_i + \alpha_i \tau \tag{6-5}$$

$$\alpha_i = (p_{i+1} - p_i)/\Delta t_i \tag{6-6}$$

在该时间段，假设结构是线性的，单自由度体系的运动方程为

$$m\ddot{u}(\tau) + c\dot{u}(\tau) + ku(\tau) = p(\tau) = p_i + \alpha_i \tau \tag{6-7}$$

初始条件为

$$u(\tau)|_{\tau=0} = u_i, \quad \dot{u}(\tau)|_{\tau=0} = \dot{u}_i \tag{6-8}$$

由单自由度体系强迫振动的求解方法可知，式(6-7)的特解和齐次解为

特解：$u_{\mathrm{p}}(\tau) = \dfrac{1}{k}(p_i + \alpha_i \tau) - \dfrac{\alpha_i}{k^2}c$

齐次解：$u_{\mathrm{c}}(\tau) = \mathrm{e}^{-\xi\omega_n\tau}(A\cos\omega_{\mathrm{D}}\tau + B\sin\omega_{\mathrm{D}}\tau)$

将全解$u(\tau) = u_{\mathrm{p}}(\tau) + u_{\mathrm{c}}(\tau)$代入初始条件式(6-8)以确定系数，有

$$u(\tau) = A_0 + A_1\tau + A_2\mathrm{e}^{-\xi\omega_n\tau}\cos\omega_{\mathrm{D}}\tau + A_3\mathrm{e}^{-\xi\omega_n\tau}\sin\omega_{\mathrm{D}}\tau$$

$$\dot{u}(\tau) = A_1 + (\omega_{\mathrm{D}}A_3 - \xi\omega_nA_2)\mathrm{e}^{-\xi\omega_n\tau}\cos\omega_{\mathrm{D}}\tau - (\omega_{\mathrm{D}}A_2 + \xi\omega_nA_3)\mathrm{e}^{-\xi\omega_n\tau}\sin\omega_{\mathrm{D}}\tau \tag{6-9}$$

式中，$A_0 = \dfrac{p_i}{k} - \dfrac{2\xi\alpha_i}{k\omega_n}$，$A_1 = \dfrac{\alpha_i}{k}$，$A_2 = u_i - A_0$，$A_3 = \dfrac{1}{\omega_{\mathrm{D}}}(\dot{u}_i + \xi\omega_nA_2 - A_1)$。

当$\tau = \Delta t_i$时，由式(6-9)可得到如下递推公式

$$\left.\begin{array}{l} u_{i+1} = Au_i + B\dot{u}_i + Cp_i + Dp_{i+1} \\ \dot{u}_{i+1} = A'u_i + B'\dot{u}_i + C'p_i + D'p_{i+1} \end{array}\right\} \tag{6-10}$$

式中，系数$A\sim D$，$A'\sim D'$分别为

$$A = \mathrm{e}^{-\xi\omega_n\Delta t}\left(\frac{\xi}{\sqrt{1-\xi^2}}\sin\omega_{\mathrm{D}}\Delta t + \cos\omega_{\mathrm{D}}\Delta t\right), \quad B = \mathrm{e}^{-\xi\omega_n\Delta t}\left(\frac{1}{\omega_{\mathrm{D}}}\sin\omega_{\mathrm{D}}\Delta t\right),$$

$$C = \frac{1}{k}\left\{\frac{2\xi}{\omega_n\Delta t} + \mathrm{e}^{-\xi\omega_n\Delta t}\left[\left(\frac{1-2\xi^2}{\omega_n\Delta t} - \frac{\xi}{\sqrt{1-\xi^2}}\right)\sin\omega_{\mathrm{D}}\Delta t - \left(1 + \frac{2\xi}{\omega_n\Delta t}\right)\cos\omega_{\mathrm{D}}\Delta t\right]\right\},$$

$$D = \frac{1}{k}\left[1 - \frac{2\xi}{\omega_n\Delta t} + \mathrm{e}^{-\xi\omega_n\Delta t}\left(\frac{2\xi^2-1}{\omega_n\Delta t}\sin\omega_{\mathrm{D}}\Delta t + \frac{2\xi}{\omega_n\Delta t}\cos\omega_{\mathrm{D}}\Delta t\right)\right],$$

$$A' = \mathrm{e}^{-\xi\omega_n\Delta t}\left(\frac{\omega_n}{\sqrt{1-\xi^2}}\sin\omega_{\mathrm{D}}\Delta t\right), \quad B' = \mathrm{e}^{-\xi\omega_n\Delta t}\left(\cos\omega_{\mathrm{D}}\Delta t - \frac{\xi}{\sqrt{1-\xi^2}}\sin\omega_{\mathrm{D}}\Delta t\right),$$

$$C' = \frac{1}{k}\left\{-\frac{1}{\Delta t} + \mathrm{e}^{-\xi\omega_n\Delta t}\left[\left(\frac{\omega_n}{\sqrt{1-\xi^2}} - \frac{\xi}{\Delta t\sqrt{1-\xi^2}}\right)\sin\omega_{\mathrm{D}}\Delta t + \frac{1}{\Delta t}\cos\omega_{\mathrm{D}}\Delta t\right]\right\},$$

$$D' = \frac{1}{k\Delta t}\left[1 - \mathrm{e}^{-\xi\omega_n\Delta t}\left(\frac{\xi}{\sqrt{1-\xi^2}}\sin\omega_{\mathrm{D}}\Delta t + \cos\omega_{\mathrm{D}}\Delta t\right)\right]。$$

由上述公式可知，系数$A\sim D$，$A'\sim D'$是结构刚度k、质量m、阻尼比ξ和时间步长$\Delta t_i = \Delta t$的函数。式(6-10)给出了根据t_i时刻运动及外荷载计算t_{i+1}时刻运动的递推公式。如果结构是线性的，并采用等时间步长，则系数$A\sim D$，$A'\sim D'$均为常数，分段解析法的计算效率将非常高。

以下为分段解析法的 Python 源代码：

```python
def segmented_parsing(mass, stiffness, load, delta_time,
                      damping_ratio=0.05, dpm_0=0, vel_0=0,
                      result_length=0):
    """
    分段解析法计算程序，分段解析法一般适用于单自由度体系的动力响应求解，所以仅考虑单自由度情况下的线性分段解
析法。
    Parameters
    ----------
    load 荷载
    delta_time 时间步长
    mass 质量
    stiffness 刚度
    damping_ratio 阻尼比
    dpm_0 初始位移
    vel_0 初始速度
    result_length 结果长度

    Returns 位移，速度，加速度
    -------

    """
    # 前期数据准备
    # 为了方便代码阅读和减少重复参数所进行的参数代换
    omega_n = np.sqrt(stiffness / mass)
    omega_d = omega_n * np.sqrt(1 - damping_ratio ** 2)
    temp_1 = sc.e ** (-damping_ratio * omega_n * delta_time)
    temp_2 = damping_ratio / np.sqrt(1 - damping_ratio ** 2)
    temp_3 = 2 * damping_ratio / (omega_n * delta_time)
    temp_4 = (1 - 2 * damping_ratio ** 2) / (omega_d * delta_time)
    temp_5 = omega_n / np.sqrt(1 - damping_ratio ** 2)
    sin = np.sin(omega_d * delta_time)
    cos = np.cos(omega_d * delta_time)

    # 计算所需参数
    A = temp_1 * (temp_2 * sin + cos)
    B = temp_1 * (sin / omega_d)
    C = 1 / stiffness * (temp_3 + temp_1 * (
            (temp_4 - temp_2) * sin - (1 + temp_3) * cos
    ))
    D = 1 / stiffness * (1 - temp_3 + temp_1 * (
            -temp_4 * sin + temp_3 * cos
    ))
    A_prime = -temp_1 * (temp_5 * sin)
    B_prime = temp_1 * (cos - temp_2 * sin)
    C_prime = 1 / stiffness * (-1 / delta_time + temp_1 * (
            (temp_5 + temp_2 / delta_time) * sin + 1 / delta_time * cos
    ))
    D_prime = 1 / (stiffness * delta_time) * (
            1 - temp_1 * (temp_2 * sin + cos)
    )

    # 处理荷载长度
    if result_length == 0:
        result_length = int(1.2 * len(load))
    load = np.pad(load, (0, result_length - len(load)))  # 荷载数据末端补零

    # 初始化位移数组与速度数组
    dpm = np.zeros(result_length)
    vel = np.zeros(result_length)
```

```
acc = np.zeros(result_length)
dpm[0] = dpm_0
vel[0] = vel_0

# 正式开始迭代
for i in range(result_length - 1):
    dpm[i + 1] = A * dpm[i] + B * vel[i] + C * load[i] + D * load[i + 1]
    vel[i + 1] = A_prime * dpm[i] + B_prime * vel[i] + C_prime * load[i]
    vel[I + 1] = vel[I + 1] + D_prime * load[i + 1]
    acc[i + 1] = -2 * damping_ratio * omega_n * vel[i + 1] - stiffness / mass * dpm[i + 1]

return dpm, vel, acc
```

【例 6-2】以例 6-1 中的结构为对象，试采用分段解析法求单自由度体系的位移响应，并与 Duhamel 积分数值法对比。

【解】Python 程序实现如下：

```
if __name__=="__main__":
    x = np.arange(0, 40, 0.02)
    dpm_segmented = segmented_parsing(1, 1, np.sin(x), 0.02)[0]
    dpm_duhamel = duhamel_numerical(1, 1, np.sin(x), 0.02)

    response_figure([dpm_duhamel, dpm_segmented],
                    [["Duhamel", "#0080FF", "-"], ["Segmented", "#000000", "--"]],
                    x_tick=8, y_tick=10, x_length=48,
                    delta_time=0.02, save_file="../res/6.1.2.svg"
                    )
```

程序运行后结果如图 6-4 所示（Segmented 曲线对应分段解析法）。

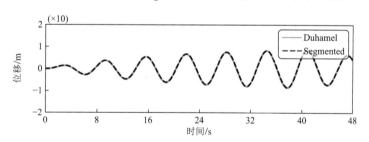

图 6-4 两种方法计算所得位移时程曲线对比

6.1.3 中心差分法

中心差分法用差分代替位移对时间的求导，以此来表达速度和加速度，如图 6-5 所示。

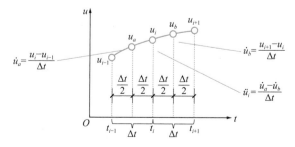

图 6-5 差分格式表达速度和加速度

如果是等时间步长Δt，则速度和加速度可近似为

$$\dot{u}_i = \frac{u_{i+1} - u_{i-1}}{2\Delta t} , \quad \ddot{u}_i = \frac{u_{i+1} - 2u_i + u_{i-1}}{\Delta t^2} \tag{6-11}$$

将速度和加速度的差分近似公式［式(6-11)］代入结构的运动方程，则在t_i时刻的运动方程可表达为

$$m\frac{u_{i+1} - 2u_i + u_{i-1}}{\Delta t^2} + c\frac{u_{i+1} - u_{i-1}}{2\Delta t} + ku_i = p_i \tag{6-12}$$

假设u_i和u_{i-1}是已知的，则式(6-12)可整理为

$$\left(\frac{m}{\Delta t^2} + \frac{c}{2\Delta t}\right)u_{i+1} = p_i - \left(k - \frac{2m}{\Delta t^2}\right)u_i - \left(\frac{m}{\Delta t^2} - \frac{c}{2\Delta t}\right)u_{i-1} \tag{6-13}$$

式(6-13)是一个递推式，只要知道t_i、t_{i-1}时刻的位移u_i、u_{i-1}和外荷载p_i，就可求出t_{i+1}时刻的位移u_{i+1}，再利用式(6-9)求出t_{i+1}时刻的速度$\dot{u}_{i+1}$和加速度$\ddot{u}_{i+1}$。

中心差分法属于两步法，存在起步问题，必须给出两个相邻时刻的位移值，方可开始逐步计算。对于一般零初始条件的动力问题，可采用位移等于零，即$u_0 = u_{-1} = 0$。但当对于非零初始条件或零时刻外荷载很大的情况，需要进行起步处理。假定给定$t = 0$时刻的位移u_0和速度$\dot{u}_0$，代入体系的运动方程$m\ddot{u} + c\dot{u} + ku = p$，可得

$$\ddot{u}_0 = \frac{1}{m}(p_0 - c\dot{u}_0 - ku_0) \tag{6-14}$$

再由式(6-11)消去的u_1，得

$$u_{-1} = u_0 - \Delta t\dot{u}_0 + \frac{\Delta t^2}{2}\ddot{u}_0 \tag{6-15}$$

将式(6-14)代入式(6-15)，得

$$u_{-1} = u_0\left(1 - \frac{k}{2m}\Delta t^2\right) - \dot{u}_0\left(\Delta t + \frac{c}{2m}\Delta t^2\right) + \frac{\Delta t^2}{2m}p_0 \tag{6-16}$$

这样，就可根据$t = 0$时刻的位移u_0、速度$\dot{u}_0$和外荷载p_0，由式(6-16)计算得到u_{-1}。

中心差分法的具体计算步骤如下：

（1）基本数据准备和初始条件计算：

$$\ddot{u}_0 = \frac{1}{m}(p_0 - c\dot{u}_0 - ku_0), \quad u_{-1} = u_0 - \Delta t\dot{u}_0 + \frac{\Delta t^2}{2}\ddot{u}_0$$

（2）计算等效刚度和中心差分计算公式(6-13)中的系数：

$$\widehat{k} = \frac{m}{\Delta t^2} + \frac{c}{2\Delta t}, \quad a = k - \frac{2m}{\Delta t^2}, \quad b = \frac{m}{\Delta t^2} - \frac{c}{2\Delta t}$$

（3）根据t_i、t_{i-1}时刻的位移u_i、u_{i-1}和外荷载p_i，计算t_{i+1}时刻的位移u_{i+1}：

$$\widehat{p}_i = p_i - au_i - bu_{i-1}, \quad u_{i+1} = \widehat{p}_i / \widehat{k}$$

再利用式(6-11)，可得到t_{i+1}时刻的速度$\dot{u}_{i+1}$和加速度$\ddot{u}_{i+1}$。

（4）用$i + 1$代替i，对于线弹性体系，重复计算步骤（3），对于非弹性体系，重复计算步骤（2）和（3）。

以上推导是针对单自由度体系，但对于多自由度体系也同样适用，只要将公式中的标量改为对应的向量或矩阵即可。另外，以上给出的中心差分法是有条件稳定的，稳定条件为$\Delta t \leqslant T_n/\pi$，$T_n$为结构自振周期，对多自由度体系则为结构的基本周期。

以下为中心差分法的 Python 源代码：

```python
def center_difference_multiple(mass, stiffness, load, delta_time,
                               damping_ratio, dpm_0, vel_0,
                               result_length=0):
    """
    中心差分计算函数，本程序为多自由度计算程序。
    Parameters
    ----------
    load 时序荷载列阵;二维矩阵
    delta_time 采样间隔;浮点数
    mass 质量矩阵;二维矩阵
    stiffness 刚度矩阵;二维矩阵
    damping_ratio 阻尼比;浮点数
    dpm_0 初始位移;一维数组
    vel_0 初始速度;一维数组
    result_length 结果长度;整数

    Returns 位移，速度，加速度;数组列表，数组列表，数组列表
    -------

    """
    # 固有属性计算
    freedom = len(dpm_0.T)    # 计算自由度
    if type(damping_ratio) == np.ndarray:
        damping = damping_ratio
    else:
        damping = rayleigh(mass, stiffness, damping_ratio)  # rayleigh 阻尼

    # 起步条件计算
    acc_0 = inv(mass) @ (load[0].T - damping @ vel_0.T - stiffness @ dpm_0.T)
    dpm_minus1 = dpm_0.T - delta_time * vel_0.T + delta_time ** 2 * acc_0 / 2

    # 前置参数计算
    equ_k = mass / delta_time ** 2 + damping / (2 * delta_time)  # 等效刚度矩阵
    a = (2 * mass) / delta_time ** 2
    b = mass / delta_time ** 2 - damping / (2 * delta_time)

    # 荷载长度处理
    if result_length == 0:
        result_length = int(1.2 * len(load))
        load = load + [np.array(
                [0 for i in range(freedom)]) for i in range(result_length - len(load))]

    # 初始化位移、速度、加速度时程矩阵
    dpm = np.zeros((result_length, freedom))
    vel = np.zeros((result_length, freedom))
    acc = np.zeros((result_length, freedom))
    dpm[0] = dpm_0
    vel[0] = vel_0

    # 迭代开始
    # 起步
    equ_p = load[0].T - (stiffness - a) @ dpm_0.T - b @ dpm_minus1
    dpm[1] = (inv(equ_k) @ equ_p).T

    for i in range(1, result_length - 1):
        # 起步完成，开启后续迭代
        equ_p = load[i].T - (stiffness - a) @ dpm[i].T - b @ dpm[i - 1].T
        dpm[i + 1] = (inv(equ_k) @ equ_p).T
        vel[i] = ((dpm[i + 1] - dpm[i - 1]) / (2 * delta_time))
```

```
    acc[i - 1] = ((dpm[i + 1] - 2 * dpm[i] + dpm[i - 1]) / delta_time ** 2)

return dpm, vel, acc
```

【例 6-3】某三层结构，第 1～3 层的质量分别为 2762kg、2760kg、2300kg，刚度分别为 $2.485 \times 10^4 N/m$、$1.921 \times 10^4 N/m$、$1.522 \times 10^4 N/m$，当采用层剪切模型时，阻尼比为 0.05，阻尼采用 Rayleigh 阻尼，地震波采用 RSN88_SFERN_FSD172，试采用中心差分法和实模态振型分解法对比计算结构的响应。

【解】Python 程序实现如下：

```
if __name__=="__main__":
    # 读取地震波
    quake, delta_time = read_quake_wave("../../res/RSN88_SFERN_FSD172.AT2")
    quake = pga_normal(quake, 0.35)  # 地震波 PGA 设置
    quake = length_normal(quake, 2)  # 设置地震波长度为 2 倍

    layer_shear=LayerShear(np.array([2762, 2760, 2300]),
                           np.array([2.485, 1.921,1.522]) * 1e4)
    c = rayleigh(layer_shear.m, layer_shear.k, 0.05)
    load = []
    for i in range(len(quake)):
        load.append(np.array([0, 0, quake[i] * 2300]))
    center_dpm, center_vel, center_acc = center_difference_multiple(layer_shear.m,
                           layer_shear.k, load, delta_time, 0.05,
                           np.array([0, 0, 0]), np.array([0, 0, 0]),
                           len(quake))
    dpm = modal_superposition(layer_shear.m, layer_shear.k, load, delta_time)
    response_figure([center_dpm[:, 0], dpm[:, 0]],
                    [["Central difference", "#0080FF", "-"], ["Fourier", "#000000", "--"]],
                     x_tick=8, y_tick=0.008, x_length=88,
                     delta_time=0.005, save_file="../res/5.1_5.svg")
    response_figure([center_dpm[:, 1], dpm[:, 1]],
                    [["Central difference", "#0080FF", "-"], ["Fourier",."#000000", "--"]],
                     x_tick=8, y_tick=0.015, x_length=88,
                     delta_time=0.005, save_file="../res/5.1_6.svg")
    response_figure([center_dpm[:, 2], dpm[:, 2]],
                    [["Central difference", "#0080FF", "-"], ["Fourier", "#000000", "--"]],
                     x_tick=8, y_tick=0.015, x_length=88,
                     delta_time=0.005, save_file="../res/5.1_7.svg")
```

采用中心差分法和实模态振型分解法（FFT）对比计算结果如下（Central difference 曲线对应中心差分法，Fourier 曲线对应实模态振型分解法）：

1）第一层位移响应如图 6-6 所示。

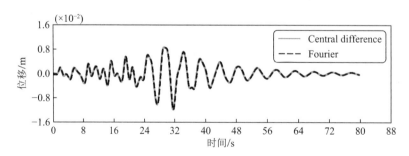

图 6-6　第一层位移响应时程曲线

2）第二层位移响应如图 6-7 所示。

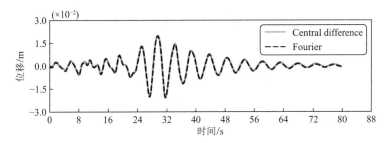

图 6-7　第二层位移响应时程曲线

3）第三层位移响应如图 6-8 所示。

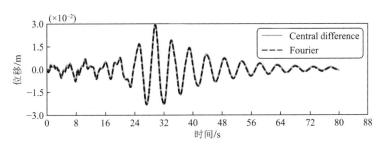

图 6-8　第三层位移响应时程曲线

6.1.4　Newmark-β 法

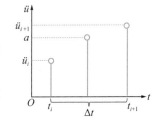

图 6-9　加速度分布示意图

Newmark-β法是将时间离散化，运动方程仅要求在离散的时间点上满足。离散时间点t_i和t_{i+1}时刻的加速度值为$\ddot{u}_i$和$\ddot{u}_{i+1}$，假设在t_i和t_{i+1}之间的加速度值是介于t_i和t_{i+1}之间的某一常量a，如图 6-9 所示。

根据 Newmark-β 法的基本假定，有

$$a = (1-\gamma)\ddot{u}_i + \gamma\ddot{u}_{i+1} \tag{6-17}$$

为了得到稳定和高精度的算法，a也用另一控制参数β表示，即

$$a = (1-2\beta)\ddot{u}_i + 2\beta\ddot{u}_{i+1} \tag{6-18}$$

通过在t_i到t_{i+1}时段上对加速度a积分，可得到t_{i+1}时刻的速度$\dot{u}_{i+1}$和位移u_{i+1}

$$\dot{u}_{i+1} = \dot{u}_i + \Delta t a \tag{6-19}$$

$$u_{i+1} = u_i + \Delta t\dot{u}_i + \frac{1}{2}\Delta t^2 a \tag{6-20}$$

分别将式(6-17)代入式(6-19)，式(6-18)代入式(6-20)得

$$\dot{u}_{i+1} = \dot{u}_i + (1-\gamma)\Delta t\ddot{u}_i + \gamma\Delta t\ddot{u}_{i+1}$$

$$u_{i+1} = u_i + \Delta t\dot{u}_i + \left(\frac{1}{2}-\beta\right)\Delta t^2\ddot{u}_i + \beta\Delta t^2\ddot{u}_{i+1} \tag{6-21}$$

式(6-21)是 Newmark-β法的两个基本递推公式，由此可解得t_{i+1}时刻的速度和加速度

$$\left.\begin{array}{l} \ddot{u}_{i+1} = \dfrac{1}{\beta\Delta t^2}(u_{i+1} - u_i) - \dfrac{1}{\beta\Delta t}\dot{u}_i - \left(\dfrac{1}{2\beta} - 1\right)\ddot{u}_i \\[3mm] \dot{u}_{i+1} = \dfrac{\gamma}{\beta\Delta t}(u_{i+1} - u_i) + \left(1 - \dfrac{\gamma}{\beta}\right)\dot{u}_i + \left(1 - \dfrac{\gamma}{2\beta}\right)\Delta t\ddot{u}_i \end{array}\right\} \tag{6-22}$$

由式(6-22)给出的运动满足t_{i+1}时刻的运动方程

$$m\ddot{u}_{i+1} + c\dot{u}_{i+1} + ku_{i+1} = p_{i+1} \tag{6-23}$$

将式(6-22)代入式(6-23)得t_{i+1}时刻位移u_{i+1}的计算公式

$$\widehat{k}\,u_{i+1} = \widehat{p}_{i+1} \tag{6-24}$$

式中，

$$\widehat{k} = k + \dfrac{1}{\beta\Delta t^2}m + \dfrac{\gamma}{\beta\Delta t}c$$

$$\widehat{p}_{i+1} = p_{i+1} + \left[\dfrac{1}{\beta\Delta t^2}u_i + \dfrac{1}{\beta\Delta t}\dot{u}_i + \left(\dfrac{1}{2\beta} - 1\right)\ddot{u}_i\right]m +$$
$$\left[\dfrac{\gamma}{\beta\Delta t}u_i + \left(\dfrac{\gamma}{\beta} - 1\right)\dot{u}_i + \dfrac{\Delta t}{2}\left(\dfrac{\gamma}{\beta} - 2\right)\ddot{u}_i\right]c$$

求出u_{i+1}后，再代入到式(6-22)可求出$\dot{u}_{i+1}$和$\ddot{u}_{i+1}$，循环以上步骤，得到所有离散点上的位移、速度和加速度。

以上推导是针对单自由度体系，但对于多自由度体系也同样适用，只要将公式中的标量改为对应的向量或矩阵即可。

Newmark-β法的具体计算步骤如下：

1）基本数据准备和初始条件计算。

（1）选择时间步长，参数，并计算积分常数：

$$a_0 = \dfrac{1}{\beta\Delta t^2}, \quad a_1 = \dfrac{\gamma}{\beta\Delta t}, \quad a_2 = \dfrac{1}{\beta\Delta t}, \quad a_3 = \dfrac{1}{2\beta} - 1, \quad a_4 = \dfrac{\gamma}{\beta} - 1,$$

$$a_5 = \dfrac{\Delta t}{2}\left(\dfrac{\gamma}{\beta} - 2\right), \quad a_6 = \Delta t(1 - \gamma), \quad a_7 = \gamma\Delta t_{\circ}$$

（2）确定运动方程的初始条件$\{u\}_0$、$\{\dot{u}\}_0$和$\{\ddot{u}\}_0$。

2）形成刚度矩阵$[K]$，质量矩阵$[M]$和阻尼矩阵$[C]$。

3）形成等效刚度矩阵$[\widehat{K}]$，即

$$[\widehat{K}] = [K] + a_0[M] + a_1[C]$$

4）计算t_{i+1}时刻的等效荷载

$$\{\widehat{p}\}_{i+1} = \{p\}_{i+1} + [M]\left(a_0\{u\}_i + a_2\{\dot{u}\}_i + a_3\{\ddot{u}\}_i\right) + [C]\left(a_1\{u\}_i + a_4\{\dot{u}\}_i + a_5\{\ddot{u}\}_i\right)$$

5）求解t_{i+1}时刻的位移，即

$$[\widehat{K}]\{u\}_{i+1} = \{\widehat{p}\}_{i+1}$$

6）计算t_{i+1}时刻的加速度和速度，即

$$\{\ddot{u}\}_{i+1} = a_0\left(\{u\}_{i+1} - \{u\}_i\right) - a_2\{\dot{u}\}_i - a_3\{\ddot{u}\}_i$$

$$\{\dot{u}\}_{i+1} = \{\dot{u}\}_i + a_6\{\ddot{u}\}_i + a_7\{\ddot{u}\}_{i+1}$$

重复第 4）～6）计算步骤，可以得到线弹性体系在任一时刻的动力反应，对于非弹性体系，则应重复第 2）～6）计算步骤。

在 Newmark-β 法中，控制参数 β 和 γ 的取值影响着算法的精度和稳定性，一般取 $\gamma = 1/2$，$0 \leqslant \beta \leqslant 1/4$。其稳定条件为 $\Delta t \leqslant \frac{1}{\pi\sqrt{2}} \frac{1}{\sqrt{\gamma - 2\beta}} T_n$，$T_n$ 为结构自振周期，对多自由度体系则为结构的基本周期。

在 Newmark-β 法为单步法，即体系每一时刻运动的计算仅与上一时刻有关。对控制参数 β 的不同取值分别对应不同的计算方法，如表 6-1 所示。

三种逐步积分法对比 表 6-1

参数取值	对应的积分方法	稳定性条件
$\gamma = 1/2$，$\beta = 1/4$	平均加速度法	无条件稳定
$\gamma = 1/2$，$\beta = 1/6$	线性加速度法	$\Delta t \leqslant \sqrt{3} T_n / \pi = 0.551 T_n$
$\gamma = 1/2$，$\beta = 0$	中心差分法	$\Delta t \leqslant T_n / \pi$

以下为 Newmark-β 法的 Python 源代码：

```
def newmark_beta_multiple(mass, stiffness, load, delta_time,
                          damping_ratio, dpm_0, vel_0, acc_0,
                          beta=0.25, gamma=0.5, result_length=0):
    """
    Newmark-beta 法计算函数, 本程序为多自由度计算程序。
    Parameters
    ----------
    mass 质量矩阵; 二维矩阵
    stiffness 刚度矩阵; 二维矩阵
    load 时序荷载列阵; 二维列表
    delta_time 采样间隔; float 类型
    damping_ratio 阻尼比; float 类型
    dpm_0 0 时刻位移矩阵; 一维矩阵
    vel_0 0 时刻速度矩阵; 一维矩阵
    acc_0 0 时刻加速度矩阵; 一维矩阵
    beta 计算参数 beta; float 类型
    gamma 计算参数 gamma; float 类型
    result_length 计算步数; int 类型

    Returns 位移, 速度, 加速度; 数组列表, 数组列表, 数组列表
    -------

    """
    # 基本数据准备和初始条件计算
    freedom = len(dpm_0.T)  # 计算自由度
    damping = rayleigh(mass, stiffness, damping_ratio)  # 计算阻尼矩阵
    if result_length == 0:
        result_length = int(1.2 * len(load))  # 计算持时
    load = load + [np.array(
        [0 for i in range(freedom)]) for i in range(result_length - len(load))]
    dpm = np.zeros((result_length, freedom))
    vel = np.zeros((result_length, freedom))
    acc = np.zeros((result_length, freedom))
    dpm[0] = dpm_0
    vel[0] = vel_0
    acc[0] = acc_0
    a_0 = 1 / (beta * delta_time ** 2)
    a_1 = gamma / (beta * delta_time)
    a_2 = 1 / (beta * delta_time)
```

```
a_3 = 1 / (2 * beta) - 1
a_4 = gamma / beta - 1
a_5 = delta_time / 2 * (a_4 - 1)
a_6 = delta_time * (1 - gamma)
a_7 = gamma * delta_time
equ_k = stiffness + a_0 * mass + a_1 * damping  # 计算等效刚度
# 迭代开始
for i in range(result_length - 1):
    equ_p = load[i + 1].T + mass @ (
            a_0 * dpm[i] + a_2 * vel[i] + a_3 * acc[i]).T + damping @ (
            a_1 * dpm[i] + a_4 * vel[i] + a_5 * acc[i]).T  # 计算等效荷载
    dpm[i + 1] = (inv(equ_k) @ equ_p).T  # 计算位移
    acc[i + 1] = (a_0 * (dpm[i + 1] - dpm[i]) - a_2 * vel[i] - a_3 * acc[i])  # 计算加速度
    vel[i + 1] = (vel[i] + a_6 * acc[i] + a_7 * acc[i + 1])  # 计算速度
return dpm, vel, acc
```

【例 6-4】以【例 6-3】中的结构为对象，试采用 Newmark-β 法求解该体系在 $t = 48s$ 内的顶层位移时程，并与中心差分法进行对比。

【解】Python 程序实现如下：

```
if __name__=="__main__":
    # 读取地震波
    quake, delta_time = read_quake_wave("../../res/RSN88_SFERN_FSD172.AT2")
    quake = pga_normal(quake, 0.35)  # 地震波 PGA 设置
    quake = length_normal(quake, 2)  # 设置地震波长度为 1 倍

    layer_shear=LayerShear(np.array(
                    [2762, 2760, 2300]), np.array([2.485, 1.921, 1.522]) * 1e4)
    load = []
    for i in range(len(quake)):
        load.append(np.array([0, 0, quake[i] * 2300]))
    center_dpm, center_vel, center_acc=center_difference_multiple(layer_shear.m,
        layer_shear.k, load, delta_time,0.05, np.array([0, 0, 0]), np.array([0, 0, 0]),
        len(quake))
    newmark_dpm, newmark_vel, newmark_acc = newmark_beta_multiple(layer_shear.m,
        layer_shear.k, load, delta_time, 0.05, np.array([0, 0, 0]), np.array([0, 0, 0]),
        np.array([0, 0, 0]), result_length=len(quake))
    response_figure([center_dpm[:, 0], newmark_dpm[:, 0]],
                    [["Center difference", "#0080FF", "-"],
                     ["Newmark beta", "#000000", "--"]],
                    x_tick=8, y_tick=0.008, x_length=88,
                    delta_time=0.005, save_file="../res/6.1.4_1.svg"
                    )
    response_figure([center_dpm[:, 1], newmark_dpm[:, 1]],
                    [["Center difference", "#0080FF", "-"],
                     ["Newmark beta", "#000000", "--"]],
                    x_tick=8, y_tick=0.015, x_length=88,
                    delta_time=0.005, save_file="../res/6.1.4_2.svg"
                    )
    response_figure([center_dpm[:, 2], newmark_dpm[:, 2]],
                    [["Center difference", "#0080FF", "-"],
                     ["Newmark beta", "#000000", "--"]],
                    x_tick=8, y_tick=0.015, x_length=88,
                    delta_time=0.005, save_file="../res/6.1.4_3.svg"
                    )
```

程序运行结果如下（Center difference 曲线对应中心差分法，Newmark beta 曲线对应 Newmark-β 法）：

1）第一层位移响应如图 6-10 所示。

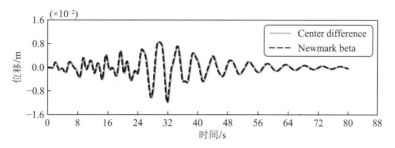

图 6-10　第一层位移响应时程曲线

2）第二层位移响应如图 6-11 所示。

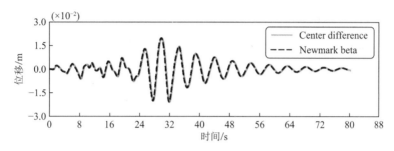

图 6-11　第二层位移响应时程曲线

3）第三层位移响应如图 6-12 所示。

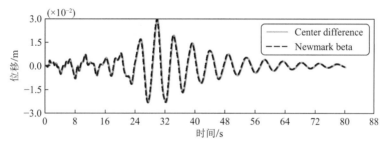

图 6-12　第三层位移响应时程曲线

6.1.5　Wilson-θ 法

Wilson-θ 法是在线性加速度法基础上发展的一种数值积分方法。该方法假定加速度在时间段 $[t, t + \theta\Delta t]$ 内线性变化，如图 6-13 所示。其基本思路是：首先采用线性加速度法计算体系在 $t_i + \theta\Delta t$ 时刻的运动（$\theta \geqslant 1$），然后采用内插公式得到体系在 $t_i + \Delta t$ 时刻的运动。由于内插计算可以提高算法的稳定性，可以证明当 $\theta \geqslant \left(1 + \sqrt{3}\right)/2$ 时，Wilson-θ 法是无条件稳定的。

根据线性加速度假设，加速度 $a(\tau)$ 在时间段 $[t, t + \theta\Delta t]$ 可表示为

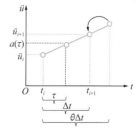

图 6-13　加速度线性变化

$$a(\tau) = \ddot{u}(t_i) + \frac{\tau}{\theta\Delta t}[\ddot{u}(t_i + \theta\Delta t) - \ddot{u}(t_i)] \tag{6-25}$$

对式(6-25)进行积分，得到速度和位移为

$$\dot{u}_i(t_i + \tau) = \dot{u}_i(t_i) + \ddot{u}(t_i)\tau + \frac{\tau^2}{2\theta\Delta t}[\ddot{u}(t_i + \theta\Delta t) - \ddot{u}_i(t_i)] \tag{6-26}$$

$$u_i(t_i + \tau) = u_i(t_i) + \dot{u}_i(t_i)\tau + \frac{\tau^2}{2}\ddot{u}(t_i) + \frac{\tau^3}{6\theta\Delta t}[\ddot{u}(t_i + \theta\Delta t) - \ddot{u}_i(t_i)] \tag{6-27}$$

当 $\tau = \theta\Delta t$ 时，可解得用 $u(t_i + \theta\Delta t)$ 表示的 $\ddot{u}(t_i + \theta\Delta t)$ 和 $\dot{u}(t_i + \theta\Delta t)$，即

$$\ddot{u}(t_i + \theta\Delta t) = \frac{6}{(\theta\Delta t)^2}[u(t_i + \theta\Delta t) - u_i(t_i)] - \frac{6}{\theta\Delta t}\dot{u}_i(t_i) - 2\ddot{u}(t_i) \tag{6-28}$$

$$\dot{u}(t_i + \theta\Delta t) = \frac{3}{\theta\Delta t}[u(t_i + \theta\Delta t) - u_i(t_i)] - 2\dot{u}_i(t_i) - \frac{\theta\Delta t}{2}\ddot{u}(t_i) \tag{6-29}$$

在 $t_i + \theta\Delta t$ 时刻，体系应满足运动方程

$$m\ddot{u}(t_i + \theta\Delta t) + c\dot{u}(t_i + \theta\Delta t) + ku(t_i + \theta\Delta t) = p(t_i + \theta\Delta t) \tag{6-30}$$

式中，$p(t_i + \theta\Delta t)$ 外荷载可用线性外推得到

$$p(t_i + \theta\Delta t) = p(t_i) + \theta[p(t_i + \Delta t) - p(t_i)] \tag{6-31}$$

将式(6-28)、式(6-29)和式(6-31)代入式(6-30)得

$$\widehat{k}\, u(t_i + \theta\Delta t) = \widehat{p}\,(t_i + \theta\Delta t) \tag{6-32}$$

式中

$$\widehat{k} = k + \frac{6}{(\theta\Delta t)^2}m + \frac{3}{\theta\Delta t}c$$

$$\widehat{p}\,(t_i + \theta\Delta t) = p(t_i) + \theta[p(t_{i+1}) - p(t_i)] + \left[\frac{6}{(\theta\Delta t)^2}u(t_i) + \frac{6}{\theta\Delta t}\dot{u}(t_i) + 2\ddot{u}(t_i)\right]m +$$

$$\left[\frac{3}{\theta\Delta t}u(t_i) + 2\dot{u}(t_i) + \frac{\theta\Delta t}{2}\ddot{u}(t_i)\right]c$$

由式(6-32)得到 $u(t_i + \theta\Delta t)$，然后将其代入到式(6-28)求得 $\ddot{u}(t_i + \theta\Delta t)$，再将 $\ddot{u}(t_i + \theta\Delta t)$ 代入式(6-25)，并取 $\tau = \Delta t$，可得

$$\ddot{u}(t_i + \Delta t) = \frac{6}{\theta^3\Delta t^2}[u(t_i + \theta\Delta t) - u_i(t_i)] - \frac{6}{\theta^2\Delta t}\dot{u}_i(t_i) + \left(1 - \frac{3}{\theta}\right)\ddot{u}(t_i) \tag{6-33}$$

令式(6-26)和式(6-27)中的 $\theta = 1$，并取 $\tau = \Delta t$，可得

$$\dot{u}_i(t_i + \Delta t) = \dot{u}_i(t_i) + \frac{\Delta t}{2}[\ddot{u}(t_{i+1}) + \ddot{u}(t_i)] \tag{6-34}$$

$$u_i(t_i + \Delta t) = u_i(t_i) + \Delta t\dot{u}_i(t_i) + \frac{\Delta t^2}{6}[\ddot{u}(t_{i+1}) + 2\ddot{u}(t_i)] \tag{6-35}$$

式(6-32)～式(6-35)构成了单自由度体系动力反应分析的 Wilson-θ 法计算公式。

以上推导是针对单自由度体系，但对于多自由度体系也同样适用，只要将公式中的标量改为对应的向量或矩阵即可。

以下为 Wilson-*θ*法的 Python 源代码：

```python
def wilson_theta_multiple(mass, stiffness, load, delta_time,
                damping_ratio, dpm_0, vel_0, acc_0,
                theta=1.37, result_length=0):
    """
    Wilson-theta 法计算程序，本程序为多自由度计算程序。
    Parameters
    ----------
    mass 质量矩阵；二维矩阵
    stiffness 刚度矩阵；二维矩阵
    load 时序荷载列阵；二维列表
    delta_time 采样间隔；float 类型
    damping_ratio 阻尼比；float 类型
    dpm_0 0时刻位移矩阵；一维矩阵
    vel_0 0时刻速度矩阵；一维矩阵
    acc_0 0时刻加速度矩阵；一维矩阵
    theta 计算参数 theta；flota 类型
    result_length 计算步数；int 类型

    Returns 位移，速度，加速度；数组列表，数组列表，数组列表
    -------

    """
    # 前置条件计算
    freedom = len(mass)  # 计算自由度
    damping = rayleigh(mass, stiffness, damping_ratio)  # 计算阻尼矩阵
    equ_stiffness = stiffness + 6 / (
            theta * delta_time) ** 2 * mass + 3 / (
            theta * delta_time) * damping  # 计算等效刚度
    equ_stiffness_inv = inv(equ_stiffness)  # 计算逆矩阵
    # 各项参数初始化
    if result_length == 0:
        result_length = int(1.2 * len(load))  # 荷载末端补零
    load = load + [np.array(
            [0 for i in range(freedom)]) for i in range(result_length - len(load))]
    dpm = np.zeros((result_length, freedom))
    vel = np.zeros((result_length, freedom))
    acc = np.zeros((result_length, freedom))
    dpm[0] = dpm_0
    vel[0] = vel_0
    acc[0] = acc_0
    # 开始迭代求解
    for i in range(result_length - 1):
        # 计算等效荷载
        equ_load = load[i] + theta * (load[i + 1] - load[i])
        mass_timer = 6 / (theta * delta_time) ** 2 * dpm[i] + 6 / (
                    theta * delta_time) * vel[i] + 2 * acc[i]
        damping_timer = 3 / (
                theta * delta_time) * dpm[i] + 2 * vel[i] + theta * delta_time / 2 * acc[i]
        equ_load += (mass @ mass_timer.T + damping @ damping_timer.T).T
        dpm_temp = (equ_stiffness_inv @ equ_load.T).T
        # 注释掉的代码是没有采用 theta=1 简化的部分，两者的区别很小，所以采用了 theta=1 简化计算
        # acc[i + 1] = 6 / (theta ** 3 * delta_time ** 2) * (dpm_temp - dpm[i])
        # acc[i + 1] += -6 / (theta ** 2 * delta_time) * vel[i] + (1 - 3 / theta) * acc[i]
        # vel[i + 1] = (1 - 3 / (2 * theta)) * delta_time * acc[i] + (1 - 3 / theta ** 2) *
vel[i]
        # vel[i + 1] += 3 / (theta ** 3 * delta_time) * (dpm_temp - dpm[i])
        # dpm[i + 1] = (delta_time ** 2 / 2 - delta_time ** 2 / (2 * theta)) * acc[i]
        # dpm[i + 1] += (delta_time - delta_time / theta ** 2) * vel[i] + (
        #       1 - 1 / theta ** 3) * dpm[i]
```

```
    # dpm[i + 1] += 1 / theta ** 3 * dpm_temp
    acc[i + 1] = 6 / (theta ** 3 * delta_time ** 2) * (dpm_temp - dpm[i])
    acc[i + 1] += -6 / (theta ** 2 * delta_time) * vel[i] + (1 - 3 / theta) * acc[i]
    vel[i + 1] = vel[i] + delta_time / 2 * (acc[i + 1] + acc[i])
    dpm[i + 1] = dpm[i] + delta_time * vel[i] + delta_time ** 2 / 6 * (
            acc[i + 1] + 2 * acc[i])
return dpm, vel, acc
```

【例 6-5】以【例 6-3】为例，采用 Wilson-θ 法计算并与 Newmark-β 法对比。

【解】Python 程序实现如下：

```
if __name__=="__main__":
    # 读取地震波
    quake, delta_time = read_quake_wave("../../res/RSN88_SFERN_FSD172.AT2")
    quake = pga_normal(quake, 0.35)  # 地震波 PGA 设置
    quake = length_normal(quake, 2)  # 设置地震波长度为 2 倍
    layer_shear=LayerShear(np.array(
                    [2762, 2760, 2300]), np.array([2.485, 1.921, 1.522]) * 1e4)
    load = []
    for i in range(len(quake)):
        load.append(np.array([0, 0, quake[i] * 2300]))
    newmark_dpm, newmark_vel, newmark_acc = newmark_beta_multiple(layer_shear.m,
    layer_shear.k, load, delta_time,0.05, np.array([0, 0, 0]), np.array([0, 0, 0]),
    np.array([0, 0, 0]), result_length=len(quake))
    wilson_dpm, wilson_vel, wilson_acc = wilson_theta_multiple(layer_shear.m,
    layer_shear.k, load, delta_time,0.05, np.array([0, 0, 0]), np.array([0, 0, 0]),
    np.array([0, 0, 0]), result_length=len(quake))
    dpm = modal_superposition(layer_shear.m, layer_shear.k, load, delta_time)
    response_figure([wilson_dpm[:, 0], newmark_dpm[:, 0]],
                    [["Wilson", "#0080FF", "-"], ["Newmark", "#000000", "--"]],
                    x_tick=8, y_tick=0.008, x_length=88,
                    delta_time=0.005, save_file="../res/6.1.5_1.svg"
                    )
    response_figure([wilson_dpm[:, 1], newmark_dpm[:, 1]],
                    [["Wilson", "#0080FF", "-"], ["Newmark", "#000000", "--"]],
                    x_tick=8, y_tick=0.015, x_length=88,
                    delta_time=0.005, save_file="../res/6.1.5_2.svg"
                    )
    response_figure([wilson_dpm[:, 2], newmark_dpm[:, 2]],
                    [["Wilson", "#0080FF", "-"], ["Newmark", "#000000", "--"]],
                    x_tick=8, y_tick=0.015, x_length=88,
                    delta_time=0.005, save_file="../res/6.1.5_2.svg"
                    )
```

程序运行结果如下：

1）第一层位移响应如图 6-14 所示。

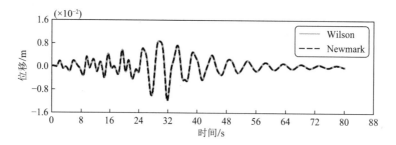

图 6-14　第一层位移响应时程曲线

2）第二层位移响应如图 6-15 所示。

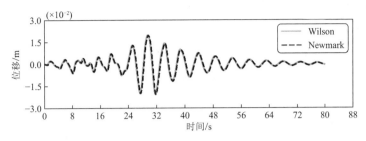

图 6-15　第二层位移响应时程曲线

3）第三层位移响应如图 6-16 所示。

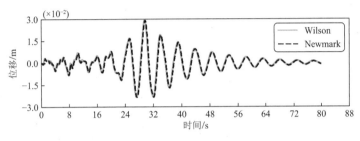

图 6-16　第三层位移响应时程曲线

6.2　结构非线性动力计算

结构非线性是指当外荷载引起结构刚度显著改变的行为。一般可分为几何非线性（如大应变、大变形等）、材料非线性（如塑性、黏弹性等）、状态非线性（如接触、单元生死等）和单元非线性（如隔震支座、阻尼器等）。非线性问题与线性问题最本质的区别就是叠加原理不再成立，需要采用迭代求解。

6.2.1　几何非线性

结构在外荷载作用下，当发生小变形时，可以不考虑由变形影响的结构刚度矩阵的变化；但当发生大变形时，几何形态的改变将明显影响结构的荷载-位移（刚度）特性，为此必须基于变形后的结构状态建立平衡方程。对于超高层建筑等一些高耸结构，由于所承受的风荷载、地震作用等水平荷载较大，为此产生的水平位移也较大，当楼层质量侧向移动到变形位置时，就会产生二阶倾覆弯矩，称为$P\text{-}\Delta$效应，以此考虑轴力对柱子刚度的影响。本节以结构的$P\text{-}\Delta$效应为例，初步介绍结构的几何非线性问题。

当一根长杆件受压并处于即将屈曲的状态时，杆件的侧向刚度会明显减小。如果能确定杆件减小的刚度，就能考虑结构的$P\text{-}\Delta$效应。一般采用等效线性化方法，通过折减结构的侧向刚度，将几何非线性问题转化为线性问题。

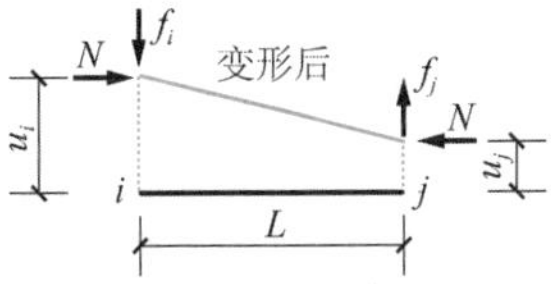

一个杆件受水平轴力N，两端位移分别为u_i、u_j，如图 6-17 所示。由轴力引起的附加弯矩为

图 6-17　杆件受力和变形

$$M_i = N(u_i - u_j) \tag{6-36}$$

由轴力引起的附加弯矩可等效为一对杆端内力

$$f_i = f_j = \frac{N}{L}(u_i - u_j) \tag{6-37}$$

将此过程推广到n个自由度体系，假设结构的质量集中在各楼层。在一组水平力$p_i(t)$的作用下，体系将产生如图 6-18（a）所示的变形。

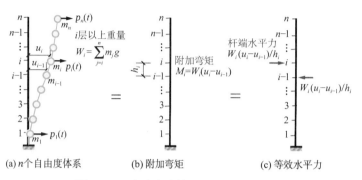

图 6-18　n个自由度体系引起的P-$\varDelta$效应

当考虑楼层自重影响时，第i层的附加弯矩为$W_i(u_i - u_{i-1})$，相对应的杆端水平力为$W_i(u_i - u_{i-1})/h_i$，如图 6-18（c）所示。因此，第i层由于附加弯矩引起的总水平力为

$$f_i = W_i(u_i - u_{i-1})/h_i - W_{i+1}(u_{i+1} - u_i)/h_{i+1} \tag{6-38}$$

选取质点m_i作为隔离体，受到外力、惯性力、恢复力、阻尼力和附加弯矩引起的水平力，由此可得结构整体的动力平衡方程为

$$m_1\ddot{u}_1 + c_1\dot{u}_1 - c_2(\dot{u}_2 - \dot{u}_1) + k_1u_1 - k_2(u_2 - u_1) - W_1u_1/h_1 +$$
$$W_2(u_2 - u_1)/h_2 = p_1(t)$$
$$\vdots$$
$$m_i\ddot{u}_i + c_i\dot{u}_i - c_{i+1}(\dot{u}_{i+1} - \dot{u}_i) + k_iu_i - k_{i+1}(u_{i+1} - u_i) - W_i(u_i - u_{i-1})/h_i +$$
$$W_{i+1}(u_{i+1} - u_i)/h_{i+1} = p_i(t)$$
$$\vdots$$
$$m_n\ddot{u}_n + c_n(\dot{u}_n - \dot{u}_{n-1}) + k_n(u_n - u_{n-1}) - W_n(u_n - u_{n-1})/h_n = p_n(t) \tag{6-39}$$

将式(6-39)写成矩阵的表达

$$[M]\{\ddot{u}\} + [C]\{\dot{u}\} + ([K] - [K_G])\{u\} = \{p(t)\} \tag{6-40}$$

式中，$[M]$、$[C]$、$[K]$和$\{p(t)\}$与式(6-32)相同，$[K_G]$表示考虑P-$\varDelta$效应的等效几何刚度矩阵。

$$[K_G] = \begin{bmatrix} W_1/h_1 + W_2/h_2 & -W_2/h_2 & & & 0 \\ -W_2/h_2 & W_2/h_2 + W_3/h_3 & -W_3/h_3 & & \\ & \ddots & \ddots & \ddots & \\ & & -W_{n-1}/h_{n-1} & W_{n-1}/h_{n-1} + W_n/h_n & -W_n/h_n \\ & & & -W_n/h_n & W_n/h_n \end{bmatrix}$$
$$\tag{6-41}$$

式(6-39)为考虑P-$\varDelta$效应的结构运动方程。可以看出，考虑P-$\varDelta$效应只是对原结构的刚度矩阵进行了折减。一般来说，考虑P-$\varDelta$效应等于降低了结构的刚度，通常情况会使结构的反应增大。同时，应该注意到，由于水平位移虽然随着水平外荷载的增加而增加，但它们之间并不是正比关系，因此，式(6-40)虽然形式上是线性的，但实质上它是一个非线性方程。

【例 6-6】一个 8 层的剪切型钢框架结构，各层质量均为 600kg，刚度为 100kN/m，各层层高为 3m，结构阻尼比为 0.02，试求考虑 *P-Δ* 效应时，在 El-Centro 地震波作用下的结构的动力反应。

【解】Python 程序实现如下：

```
if __name__=="__main__":
    """
    几何非线性计算程序
    该程序一般只做演示使用
    """
    # 参数初始化
    m = np.array([600 for i in range(8)])    # 定义各层质量
    k = np.array([1e5 for i in range(8)])    # 定义各层刚度
    layer_shear = LayerShear(m, k)    # 创建层剪切模型
    temp = np.array([0 for i in range(8)])    # 初始化其余参数
    # 定义荷载
    at2, delta_time = read_quake_wave("../../res/ELCENTRO.DAT")
    at2 = pga_normal(at2, 2)
    load = []
    for i in range(len(at2)):
        load.append(np.array([0, 0, 0, 0, 0, 0, 0, at2[i]]) * 600)
    # 计算结构响应

    new_dpm, new_vel, new_acc = newmark_beta_multiple(layer_shear.m, layer_shear.k,
                                    load, delta_time, 0.02,
                                        temp, temp, temp)
    new_dpm_nlr, new_vel_nlr, new_acc_nlr = newmark_beta_multiple(layer_shear.m,
                            layer_shear.k - layer_shear.get_p_delta(), load,
                                delta_time, 0.02,temp, temp, temp)
    response_figure([new_dpm[:, -1], new_dpm_nlr[:, -1]],
                [["Linear", "#0080FF", "-"], ["P-delta", "#000000", "--"]],
                x_tick=8, y_tick=0.05, x_length=40,
                delta_time=delta_time, save_file="../res/6.2.1.svg"
                )
```

程序运行结果如图 6-19 所示：

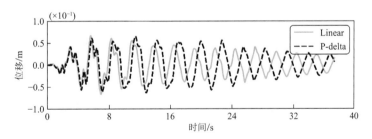

图 6-19　考虑 *P-Δ* 效应（即图中 Linear 线）与不考虑 *P-Δ* 效应顶层位移时程曲线对比

经过对数据进行提取，得到了各楼层在两种不同计算工况下楼层最大位移和最大弯矩如表 6-2 所示。

各楼层在两种不同工况下最大位移和最大弯矩对比　　　　　　　　表 6-2

楼层	最大位移/m			最大弯矩/(kN·m)		
	不考虑 *P-Δ* 效应	考虑 *P-Δ* 效应	差值/%	不考虑 *P-Δ* 效应	考虑 *P-Δ* 效应	差值/%
1	0.021	0.022	6.06	649.03	648.90	−0.02
2	0.036	0.039	7.67	504.49	504.55	0.01

续表

楼层	最大位移/m			最大弯矩/(kN·m)		
	不考虑p-Δ效应	考虑p-Δ效应	差值/%	不考虑p-Δ效应	考虑p-Δ效应	差值/%
3	0.051	0.050	−1.23	378.84	378.79	−0.01
4	0.057	0.054	−5.74	271.11	271.01	−0.04
5	0.053	0.057	8.17	180.69	180.87	0.10
6	0.050	0.062	22.75	108.89	108.79	−0.09
7	0.062	0.064	2.87	54.95	54.85	−0.17
8	0.069	0.065	−4.72	19.89	19.73	−0.79

6.2.2　材料非线性

在强荷载（如强震）作用下，结构可能发生较大的变形，构件将出现弹塑性变形，结构反应进入非线性，弹塑性结构的运动方程为

$$[M]\{\ddot{u}\} + [C]\{\dot{u}\} + \{f_s(u)\} = \{p(t)\} \tag{6-42}$$

式中，$[M]$、$[C]$分别表示结构的质量矩阵和阻尼矩阵，$\{f_s(u)\}$表示结构的恢复力向量，$\{p(t)\}$表示外荷载向量。

与线性结构相比，弹塑性结构的运动方程只是用弹塑性恢复力$\{f_s(u)\}$代替了弹性恢复力$[K]\{u\}$。$\{f_s(u)\}$的具体表达式称为恢复力模型，若以恢复力的函数表达式进行分类，大致可分两类：折线型模型（如 Clough 模型、Tekeda 模型等）和曲线型模型（如 Bouc-Wen 模型、Ramberg-Osgood 模型等），分别如图 6-20（a）和如图 6-20（b）所示。折线型恢复力模型用分段形式来表达，而曲线型恢复力模型则用微分方程来描述。

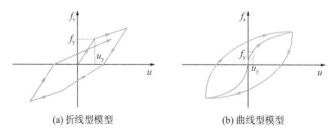

(a) 折线型模型　　　　(b) 曲线型模型

图 6-20　恢复力模型

折线型模型有刚度退化双线型模型、刚度退化三线型模型和刚度退化四线型模型。本节仅介绍在钢筋混凝土结构或构件中被较广采用的双线型模型和刚度退化三线型模型。

1）双线型模型

用两段折线代替正、反向加载恢复力骨架曲线，并考虑刚度退化性质，即构成刚度退化的双线型模型。根据是否考虑结构或构件屈服后的硬化状况，又可以将其分为坡顶双线型模型［图 6-21（a）］和平顶双线型模型［图 6-21（b）］。

（1）双线型模型的主要特点

①第一个折点为屈服点，相应的力和位移为f_y与u_y；

②卸载无刚度退化，即卸载的刚度取k_1，卸载至零反向再加载时刚度退化；

③非弹性阶段卸载至零第一次反向加载时直线指向反向屈服点，后续反向加载时直线指向所经历的最大位移点；

④中途卸载〔如图 6-21（b）中虚线 7→8 所示〕时卸载刚度取k_1。

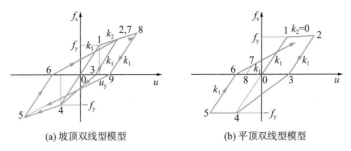

（a）坡顶双线型模型　　　　　　（b）平顶双线型模型

图 6-21　双线型模型

（2）双线型模型的数学描述

设$f_s(u_i)$、u_i表示t_i时刻结构的恢复力和位移，则t_{i+1}时刻对应的$f_s(u_{i+1})$、u_{i+1}关系可表示为

$$f_s(u_{i+1}) = f_s(u_i) + \alpha k_1(u_{i+1} - u_i) \tag{6-43}$$

式中，α为刚度降低系数，其取值随恢复力模型直线段的不同而异。

利用式(6-40)，可分别写出坡顶退化双线型〔图 6-21（a）〕各阶段恢复力-位移关系式。

①正向或反向弹性阶段（0→1 段或 0→4 段）

此阶段有：$\dot{u} > 0$，$u < u_y$；或$\dot{u} < 0$，$u > -u_y$（$\dot{u}$为结构的速度反应）

初始条件为：$u_0 = 0$，$f_s(u_0) = 0$

刚度降低系数为：$\alpha = 1$

从而有：

$$f_s(u_{i+1}) = k_1 u_{i+1} \tag{6-44}$$

②正向或反向硬化阶段（1→2 段或 4→5 段）

此阶段有：$\dot{u} > 0$，$u > u_y$；或$\dot{u} < 0$，$u < -u_y$

初始条件为：$u_i = \pm u_y$，$f_s(u_i) = \pm f_y$

刚度降低系数为：$\alpha = \dfrac{k_2}{k_1} < 1$

从而有：

$$f_s(u_{i+1}) = \pm f_y + \alpha k_1(u_{i+1} \mp u_y) \tag{6-45}$$

③正向硬化阶段卸载（2→3 段）

此阶段有：$\dot{u} < 0$，$u < u_2$

初始条件为：$u_i = u_2$，$f_s(u_i) = f_s(u_2)$

刚度降低系数为：$\alpha = 1$

从而有：

$$f_s(u_{i+1}) = f_s(u_2) + k_1(u_{i+1} - u_2) \tag{6-46}$$

④正向硬化阶段卸载至零且第一次反向加载（3→4 段）

此阶段有：$\dot{u} < 0$，$u < u_3$

初始条件为：$u_i = u_3$，$f_s(u_i) = f_s(u_3) = 0$

刚度降低系数为：$\alpha = \dfrac{f_y}{(u_3 + u_y)k_1}$

从而有：

$$f_s(u_{i+1}) = \frac{f_y}{u_3 + u_y}(u_{i+1} - u_3) \tag{6-47}$$

⑤反向硬化阶段卸载（5→6 段）

此阶段有：$\dot{u} > 0$，$u > -u_5$

初始条件为：$u_i = -u_5$，$f_s(u_i) = -f_s(u_5)$

刚度降低系数为：$\alpha = 1$

从而有：

$$f_s(u_{i+1}) = -f_s(u_5) + k_1(u_{i+1} + u_5) \tag{6-48}$$

⑥反向硬化阶段卸载至零再正向加载（6→2 段）

此阶段有：$\dot{u} > 0$，$u > -u_6$

初始条件为：$u_i = -u_6$，$f_s(u_i) = -f_s(u_6) = 0$

刚度降低系数为：$\alpha = \frac{f_s(u_2)}{(u_2 + u_6)k_1}$

从而有：

$$f_s(u_{i+1}) = \frac{f_s(u_2)}{(u_2 + u_6)}(u_{i+1} + u_6) \tag{6-49}$$

刚度退化双线型模型较为粗糙，但使用方便，在结构时程分析中应用较为广泛。确定图 6-21（a）所示模型需要三个参数：f_y、k_1、k_2，计算分析中一般取 k_2 为 k_1 的 5%～10%。

折线型模型与曲线型模型不同，不能写出具体的微分表达式，而是涵盖了许多的"状态"。因此，使用有限状态机来实现折线型模型十分有效。双线型模型的状态具体可以分为

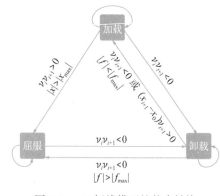

图 6-22　双折线模型的状态转换

三类：加载、屈服、卸载，并且根据压缩和拉伸的两种状态可以更加细分为压缩加载、压缩屈服、压缩卸载、拉伸加载、拉伸屈服和拉伸卸载六种状态。双折线模型的状态转换图如图 6-22 所示。

其中，ν_i 表示上一步的速度；ν_{i+1} 表示当前步的速度；x 表示当前位移；x_{max} 表示最大拉伸或压缩位移；x_0 表示在当前状态下，如果立刻进入卸载状态，该卸载状态所代表的直线的 x 轴截距；f 表示当前恢复力；f_{max} 表示最大拉伸或压缩恢复力。

在每一步计算之前，都需要依据当前状态、位移、速度等指标判断接下来的计算应该进入哪个阶段，判断准则以上述状态转换图为依据。在每一步的计算中，需要进行的操作如下：①计算恢复力；②更新位移与速度。此外，需要特殊处理的步骤为：①在任意屈服状态的计算中，更新 x_0；②在屈服阶段，如果判断接下来的计算将会转换到卸载阶段，则更新最大拉伸或屈服位移与最大拉伸或屈服应力 (x_{max}, f_{max})。

以下为刚度退化双线型模型的 Python 源代码：

```python
class Bilinear2:
    def __init__(self, stiffness, stiff_nlr, force_yeild, dpm=0, vel=0, force=0):
        """初始化一个考虑刚度退化的双折线材料"""
        self.stiffness = stiffness  # 弹性刚度
        self.stiff_nlr = stiff_nlr  # 屈服刚度
        self.flag = 0  # 当前标志位;0:加载;1:屈服;2:卸载
        # 初始化最大拉伸应力点
        self.tensile_max = [force_yeild / self.stiffness, force_yeild]
        # 初始化最大压缩应力点
        self.compress_max = [-force_yeild / self.stiffness, -force_yeild]
        self.dpm_init = 0  # 加载阶段直线的 x 轴截距
        self.dpm = dpm  # 上一时刻的位移
        self.vel = vel  # 上一时刻的速度
        self.force = force  # 上一时刻的应力

    def __call__(self, dpm, vel):
        """调用该对象时，需要输出当前的恢复力与刚度"""
        self.flag = self.state_change(dpm, vel)  # 判断当前状态并转换
        if self.flag == 0:
            # 如果是加载阶段
            if vel >= 0:
                # 正向加载
                stiff = self.tensile_max[1] / (self.tensile_max[0] - self.dpm_init)
                self.force = stiff * (dpm - self.dpm_init)
            else:
                # 反向加载
                stiff = self.compress_max[1] / (self.compress_max[0] - self.dpm_init)
                self.force = stiff * (dpm - self.dpm_init)
        elif self.flag == 1:
            # 如果是屈服阶段
            if vel >= 0:
                # 正向屈服
                self.force = self.stiff_nlr * (
                            dpm - self.tensile_max[0]) + self.tensile_max[1]
                self.dpm_init = -self.force / self.stiffness + dpm
                stiff = self.stiff_nlr
            else:
                # 反向屈服
                self.force = self.stiff_nlr * (
                        dpm - self.compress_max[0]) + self.compress_max[1]
                self.dpm_init = -self.force / self.stiffness + dpm
                stiff = self.stiff_nlr
        else:
            # 如果是卸载阶段
            stiff = self.stiffness
            if vel <= 0:
                # 正向加载后的卸载
                self.force = (
                    dpm - self.tensile_max[0]) * self.stiffness + self.tensile_max[1]
            else:
                # 反向加载后的卸载
                self.force = (
                 dpm - self.compress_max[0]) * self.stiffness + self.compress_max[1]
        self.dpm = dpm
        self.vel = vel
        return stiff, self.force

    def state_change(self, dpm, vel):
        """
        状态转换函数，用来判断加载-屈服-卸载的状态转换
        每一个小分支都要 return
```

```
    """
    if self.flag == 0:
        # 如果是加载阶段
        if vel * self.vel < 0:
            # 如果速度方向改变
            return 2  # 卸载
        elif abs(dpm) > abs(
                self.tensile_max[0]) or abs(
                dpm) > abs(self.compress_max[0]):
            # 如果位移大于屈服位移
            return 1  # 屈服
        return 0  # 继续加载
    elif self.flag == 1:
        if vel * self.vel < 0:
            # 更新最大应力点
            if self.force >= 0:
                # 拉伸状态
                self.tensile_max = [self.dpm, self.force]
            else:
                # 压缩状态
                self.compress_max = [self.dpm, self.force]
            return 2  # 卸载
        return 1  # 继续屈服
    else:
        if vel * self.vel < 0 or (dpm - self.dpm_init) * vel > 0:
            return 0  # 加载
        return 2  # 继续卸载
```

【例 6-7】某弹塑性单自由度体系，采用考虑刚度退化双线型模型，结构刚度为 12.35N/m，屈服刚度为 0N/m，屈服力为 15N。现对结构进行拟静力试验，采用位移控制方式，位移荷载曲线如图 6-23 所示，试绘制该体系的滞回曲线。

【解】Python 程序实现如下：

```
if __name__=="__main__":
    # 拟静力试验
    bilinear = Bilinear(12.35, 0, 15)
    dpm = np.linspace(0, 50, 2000)
    dpm = np.sin(dpm) * np.linspace(0, 3, 2000)
    force = np.zeros(2000)
    for i in range(1, len(dpm)):
        force[i] = bilinear(dpm[i], dpm[i] - dpm[i - 1])[1]
    hysteresis_figure([dpm, force], save_file="6.2.2_2.svg")
```

程序运行结果如图 6-24 所示。

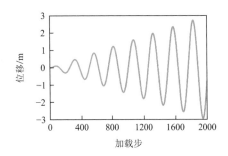

图 6-23　位移控制加载曲线

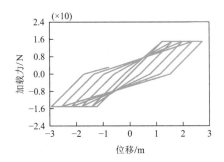

图 6-24　单自由度体系滞回曲线

2）刚度退化三线型模型

用三段折线代替正、反向加载恢复力骨架曲线，并考虑刚度退化性质，即构成刚度退化的三线型模型。与刚度退化双线型模型类似，根据是否考虑结构或构件屈服后的硬化状况，又可以将其分为坡顶退化三线型模型［图 6-25（a）］和平顶退化三线型模型［图 6-25（b）］。该模型较刚度退化双线性模型可更细致地描述结构与构件的真实恢复力曲线（例如，在钢筋混凝土结构和构件中，可考虑开裂点）。

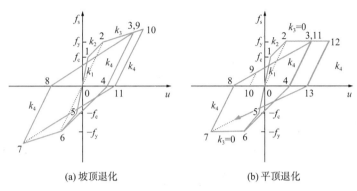

(a) 坡顶退化　　　　　　　　(b) 平顶退化

图 6-25　刚度退化三线型模型

（1）刚度退化三线型模型的主要特点

①第一段折线表示线弹性阶段，此阶段刚度为k_1，点 1 表示开裂点；第二阶段折线表示开裂至屈服的阶段，此阶段刚度为k_2；点 2 表示屈服点；屈服后则由第三段折线表示，此阶段刚度为k_3；

②若在开裂至屈服阶段卸载，则卸载的刚度取k_1；若屈服后卸载，则卸载的刚度取割线 0→2 的刚度k_4；

③中途卸载［如图 6-25（b）中虚线 9→10 所示］时卸载刚度取k_4；

④1→2 段（2→3 段）卸载至零第一次反向加载时，直线指向反向屈服点，后续反向加载时直线指向所经历的最大位移点。

（2）刚度退化三线型模型的数学描述

同样利用式(6-40)，可分别写出坡顶退化三线型［图 6-25（a）］各阶段恢复力-位移关系式。

①正向或反向弹性阶段（0→1 段或 0→5 段）

此阶段有：$\dot{u} > 0$，$u < u_c$；或$\dot{u} < 0$，$u > -u_c$（$\dot{u}$为结构的速度反应）

初始条件为：$u_0 = 0$，$f_s(u_0) = 0$

刚度降低系数为：$\alpha = 1$

从而有：

$$f_s(u_{i+1}) = k_1 u_{i+1} \tag{6-50}$$

②正向或反向硬化阶段（1→2 段或 5→6 段）

此阶段有：$\dot{u} > 0$，$u_c < u < u_y$；或$\dot{u} < 0$，$-u_c > u > -u_y$

初始条件为：$u_i = \pm u_c$，$f_s(u_i) = \pm f_c$

刚度降低系数为：$\alpha = \alpha_1 = \dfrac{k_2}{k_1} < 1$

从而有：

$$f_s(u_{i+1}) = \pm f_c + \alpha_1 k_1(u_{i+1} \mp u_c) \tag{6-51}$$

③正向或反向硬化段（2→3 段或 6→7 段）

此阶段有：$\dot{u} > 0,\ u < u_y$；或$\dot{u} < 0,\ u < -u_y$

初始条件为：$u_i = \pm u_y,\ f_s(u_i) = \pm f_y$

刚度降低系数为：$\alpha = \alpha_2 = \dfrac{k_3}{k_1} < 1$

从而有：

$$f_s(u_{i+1}) = \pm f_y + \alpha_2 k_1(u_{i+1} \mp u_y) \tag{6-52}$$

④正向或反向硬化段卸载（3→4 段或 7→8 段）

此阶段有：$\dot{u} < 0,\ u < u_3$；或$\dot{u} > 0,\ u > -u_7$

初始条件为：$u_i = u_3,\ f_s(u_i) = f_s(u_3)$；或$u_i = -u_7,\ f_s(u_i) = -f_s(u_7)$

刚度降低系数为：$\alpha = \dfrac{k_4}{k_1} = \dfrac{f_y}{u_y k_1}$

从而有：

$$f_s(u_{i+1}) = \begin{cases} f_s(u_3) + \dfrac{f_y}{u_y}(u_{i+1} - u_3) \\ -f_s(u_7) + \dfrac{f_y}{u_y}(u_{i+1} + u_7) \end{cases} \tag{6-53}$$

⑤正向硬化阶段卸载至零且第一次反向加载（4→6 段）

此阶段有：$\dot{u} < 0,\ u < u_4$

初始条件为：$u_i = u_4,\ f_s(u_i) = f_s(u_4) = 0$

刚度降低系数为：$\alpha = \dfrac{f_y}{(u_4 + u_y)k_1}$

从而有：

$$f_s(u_{i+1}) = \dfrac{f_y}{u_4 + u_y}(u_{i+1} - u_4) \tag{6-54}$$

⑥负向硬化阶段卸载至零再反向加载（8→3 段）

此阶段有：$\dot{u} > 0,\ u > -u_8$

初始条件为：$u_i = -u_8,\ f_s(u_i) = f_s(-u_8) = 0$

刚度降低系数为：$\alpha = \dfrac{f_s(u_3)}{(u_3 + u_8)k_1}$

从而有：

$$f_s(u_{i+1}) = \dfrac{f_s(u_3)}{u_3 + u_8}(u_{i+1} + u_8) \tag{6-55}$$

刚度退化三线型模型可以用于描述钢筋混凝土结构与构件的恢复力特性。

三线型模型的编程实现也是一个有限状态机，只不过三线型模型的屈服阶段需要特别判断一下是开裂还是屈服，读者可在双线型模型的基础上稍加修改即可，通过继承双线型模型的方式构建退化三线型模型的 Python 源代码如下：

```
class Bilinear3(Bilinear2):
    def __init__(self, stiffness, stiff_nlr1, stiff_nlr2, crack_force, yeild_force, dpm,
vel, force):
```

```
    # 请注意，这里使用继承的开裂阶段双线型模型一定是坡顶式的
    super().__init__(stiffness, stiff_nlr1, crack_force, dpm, vel, force)
    # 继承父类属性
    self.stiff_nlr2 = stiff_nlr2
    self.yeild_force2 = yeild_force

def is_yeild(self):
    # 判断是否完全开裂
    if self.flag == 1 and abs(self.force) > abs(self.yeild_force2):
        # 如果处于开裂阶段并且恢复力大于屈服强度，则走完全开裂阶段
        # 更新弹性刚度与屈服刚度
        stiff = self.yeild_force2 / (
                self.yeild_force / self.stiffness + (
        self.yeild_force2 - self.yeild_force) / self.stiff_nlr)
        self.yeild_force = self.yeild_force2  # 更新屈服强度
        self.stiffness = stiff  # 更新弹性刚度
        self.stiff_nlr = self.stiff_nlr2  # 更新屈服刚度
        if self.force > 0:
            self.force = self.yeild_force
            self.tensile_max[1] = self.force
            self.compress_max[1] = -self.force
        else:
            self.force = -self.yeild_force
            self.tensile_max[1] = -self.force
            self.compress_max[1] = self.force

def __call__(self, dpm, vel):
    stiff, self.force = Bilinear2.__call__(self, dpm, vel)
    self.is_yeild()
    return stiff, self.force
```

【例 6-8】仍以【例 6-7】中的结构为对象，将非线性模型替换成刚度退化三线型模型，开裂后刚度为 0.5 倍的初始刚度，开裂荷载为 10N，试绘制滞回曲线。

【解】Python 程序实现如下：

```
if __name__=="__main__":
    # 拟静力试验
    bilinear3 = Bilinear3(12.35, 0.5 * 12.35, 0, 10, 15)
    for i in range(1, len(dpm)):
        force[i] = bilinear3(dpm[i], dpm[i] - dpm[i - 1])[1]
    hysteresis_figure([dpm, force], save_file="6.2.2_3.svg")
```

程序运行结果如图 6-26 所示。

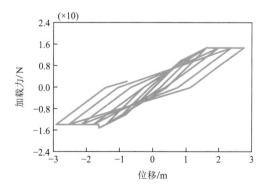

图 6-26　单自由度体系滞回曲线

3）恢复力折线模型拐点的处理

由图 6-21 和图 6-26 可知，双线性和刚度退化三线型的恢复力模型存在转折点，转折点前后两段直线斜率不同，此转折点称为恢复力模型拐点。

折线型恢复力模型需要注意状态转换处的拐点处理。在时程分析计算中，虽然结构反应进入非线性，但在指定的积分时间步长Δt内要求结构或构件的刚度为常数。通常时间步长的分段点不会恰好与恢复力模型拐点一致，若时间步长Δt过大，拐点处的恢复力就会偏离原结构模型较多，这种误差不断累积，将使计算结果失真。一般处理方法是在拐点处用较小的时间步长$\Delta t'$，使得恢复力曲线在拐点范围的误差满足要求（图 6-27）。

其具体做法是以拐点为界，将包含拐点的时间步长Δt一分为二，形成两个小步长$\Delta t'$和$(\Delta t - \Delta t')$，如图 6-27 所示。逐步积分时，由u_i起先按时间步长$\Delta t'$采用刚度k_1进行计算，再按时间步长$(\Delta t - \Delta t')$采用刚度k_2进行计算。以后计算则使用正常时间步长Δt。

双线型恢复力模型的拐点可分为两类，一般可按下述方法进行处理。

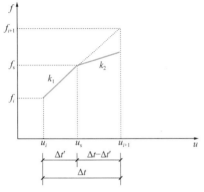

图 6-27 恢复力曲线中拐点的处理

（1）第一类拐点：当折点是弹性转向弹塑性时，折点两侧的速度不变号。如图 6-13 所示，即由第i步经拐点至第$i+1$步时，速度符号保持不变。第一类拐点的$\Delta t'$可表示为

$$\Delta t' = \frac{f_s - f_i}{f_{i+1} - f_i} \Delta t \tag{6-56}$$

对应折点处的位移u_s可表示为

$$u_s = u_i + \dot{u}_i \Delta t' \tag{6-57}$$

式中，u_i和$\dot{u}_i$分别为折点前一点处的位移和速度，$\Delta t'$为折点处的步长值。

（2）第二类拐点：当折点是弹塑性转向弹性时，折点两侧的速度变号，折点处的速度为 0，即

$$\dot{u}_s = \dot{u}_i + \ddot{u}_i \Delta t' = 0 \tag{6-58}$$

式中，$\dot{u}_i$和$\ddot{u}_i$分别为折点前一点处的速度加速度，$\dot{u}_s$为折点处的速度。

对第二类拐点，一般只产生很小的位移，不作处理也不会产生过大的误差，不影响计算结果，故此类拐点可不作处理，不必调整步长，继续使用原步长进行计算即可，如需处理，则按式(6-58)计算$\Delta t'$即可。

4）曲线型恢复力模型

20 世纪 70 年代，由 Bouc 提出了一种能够模拟结构或构件在循环荷载作用下表现出滞回特性的曲线型模型，称为 Bouc-Wen 模型。其原始力学模型如图 6-28 所示，由一个线性弹簧和一个非线性单元组成，其中非线性单元由一个线性弹簧和一个 Coulomb 摩擦块串联组成。

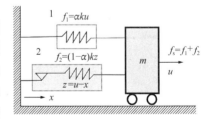

图 6-28 Bouc-Wen 力学模型

该曲线型恢复力模型可以分解为弹性力αku和滞变力$(1-\alpha)kz$之和。图 6-29（a）表示曲线型恢复力模型，图 6-29（b）表示为弹性力，图 6-29（c）表示为滞变力。

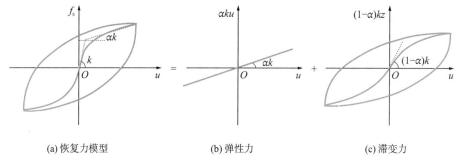

（a）恢复力模型　　　　　　　（b）弹性力　　　　　　　（c）滞变力

图 6-29　曲线型恢复力模型

此模型中包含 2 个自由度，即整体相对位移u和弹簧的滞变位移z，其数学表达式为

$$f_s(u,z) = \alpha ku + (1-\alpha)kz \tag{6-59}$$

$$\dot{z} = A\dot{u} - \beta|\dot{u}||z|^{n-1}z - \gamma\dot{u}|z|^n \tag{6-60}$$

式中，k为结构的弹性刚度；α为屈服后与屈服前的水平刚度的比值；z为滞变位移；u为整体相对位移，$u_i = x_i - x_{i-1}$；A、β和γ为影响滞回环形状的参数；n为阶数。

该模型的数学表达式是含有滞回恢复力和位移的一阶微分方程，方程里含有一系列控制参数，通过选取不同的 Bouc-Wen 模型参数可以得到不同形状的滞回环，用来模拟实际工程中的非线性现象。其中，z、$\dot{u}$均为时间t的函数，$\dot{u}$表示结构每一时刻的相对速度，可根据该结构的运动方程得到。这样，式(6-57)是一个常系数的微分方程，可直接调用 Python 中函数 ODE 求解，为了方便编程，将 Bouc-Wen 模型写成类的形式，具体 Python 代码如下：

```python
class Boucwen:
    def __init__(self, stiffness, alpha, A, beta, gamma, n, dpm, vel, z, force):
        self.stiffness = stiffness  # 材料弹性刚度
        self.alpha = alpha  # 屈服前后刚度比
        # 材料参数
        self.A = A
        self.beta = beta
        self.gamma = gamma
        self.n = n
        self.dpm = dpm  # 上一步位移
        self.vel = vel  # 上一步速度
        self.vel_temp = vel  # 这一步速度, 迭代变量
        self.z = z  # 上一步滞变位移
        self.force = force  # 上一步恢复力

    def __call__(self, dpm, vel, time):
        self.vel_temp = vel
        self.z = integrate.odeint(self.function, self.z, time)[-1][0]
        temp_force = self.alpha * self.stiffness * dpm + (
1 - self.alpha) * self.stiffness * self.z
        temp_stiff = self.stiffness
        if temp_force - self.force != 0:
            temp_stiff = (temp_force - self.force) / (dpm - self.dpm)
```

```
        self.force = temp_force
        self.dpm = dpm
        self.vel = vel
        return temp_stiff, self.force

    def function(self, z, t):
        z_dot = self.A * self.vel_temp - self.beta * abs(self.vel_temp) * abs(z) ** (
                self.n - 1) * z - self.gamma * self.vel_temp * abs(z) ** self.n
        return z_dot
```

之后，Bouc 和 Wen 又在此基础上提出了能够描述刚度退化和强度退化的 Bouc-Wen 模型，其表达式如下

$$\dot{z} = \frac{A\dot{u} - \nu_{\mathrm{s}}\left(\beta|\dot{u}||z|^{n-1}z + \gamma\dot{u}|z|^{n}\right)}{\eta_{\mathrm{s}}} \qquad (6\text{-}61)$$

式中，η_{s} 为刚度退化参数，ν_{s} 为强度退化参数。这两个参数都与模型的滞回耗能有关。

【例 6-9】某弹塑性单自由度结构，采用普通 Bouc-Wen 模型，结构刚度为 12.35kN/m，屈服前后刚度比为 0.2，模型参数为 $A = 1$，$n = 3$，$\beta = \gamma = 0.5$。现对结构进行拟静力试验，采用位移控制方式，荷载-位移曲线如图 6-30 所示，请绘制该体系的滞回曲线。

【解】Python 程序实现如下：

```
if __name__=="__main__":
    dpm = np.linspace(0, step / 80, step)
    dpm = np.sin(dpm) * np.linspace(0, 10, step)
    boucwen = Boucwen(12.35)
    for i in range(1, len(dpm)):
        force[i] = boucwen(dpm[i], dpm[i] - dpm[i - 1], [i, i + 1])[1]
    common([np.linspace(0, step, step), dpm], ["Load step", "displacement/m"], y_tick=3,
save_file="6.2.2_4.svg")
    hysteresis_figure([dpm, force], x_tick=3. 2, y_tick=12, save_file="6.2.2_5.svg")
```

程序运行结果如图 6-31 所示。

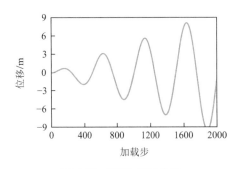

图 6-30　荷载-位移曲线

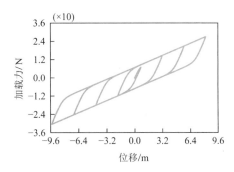

图 6-31　单自由度体系滞回曲线

单自由度体系可以很容易地套用滞回模型，因为滞回模型中所描述的材料滞回特性就是针对单种材料的。但是，面对多自由度结构而言，如何考虑一个结构中多种材料的滞回特性，是一个需要讨论的问题。

如果以未退化的 Bouc-Wen 模型为对象，若将式(6-59)代入多自由度体系的运动方程，又已知，$u_i = x_i - x_{i-1}$，则运动方程可表达为

$$m_1\ddot{x}_1 + c_1\dot{u}_1 - c_2\dot{u}_2 + \alpha_1 k_1 u_1 + (1-\alpha_1)k_1 z_1 - \alpha_2 k_2 u_2 - (1-\alpha_2)k_2 z_2 = f_1(t)$$
$$\vdots$$
$$m_i\ddot{x}_i + c_i\dot{u}_i - c_{i+1}\dot{u}_{i+1} + \alpha_i k_i u_i + (1-\alpha_i)k_i z_i - \alpha_{i+1}k_{i+1}u_{i+1} - (1-\alpha_{i+1})k_{i+1}z_{i+1} = f_i(t)$$
$$\vdots$$
$$m_n\ddot{x}_n + c_n\dot{u}_n + \alpha_n k_n u_n + (1-\alpha_n)k_n z_n = f_n(t)$$

$$(6\text{-}62)$$

将式(6-59)写成矩阵的形式

$$M_{\mathrm{u}}\ddot{u} + C_{\mathrm{u}}\dot{u} + K_{\mathrm{e}}u + K_{\mathrm{h}}z = F(t) \tag{6-63}$$

$$\dot{z} = A\dot{u} - \beta|\dot{u}||z|^{n-1}z - \gamma\dot{u}|z|^n \tag{6-64}$$

式中，$u = (x_1, x_2 - x_1, \cdots, x_i - x_{i-1})^{\mathrm{T}}$；$F(t)$为外荷载矩阵；$M_{\mathrm{u}}$、$C_{\mathrm{u}}$分别表示结构的质量矩阵和阻尼矩阵，

$$M_{\mathrm{u}} = \begin{bmatrix} m_1 & & & 0 \\ m_2 & m_2 & & \\ \vdots & & \ddots & \\ m_n & m_n & \cdots & m_n \end{bmatrix}, \quad C_{\mathrm{u}} = \begin{bmatrix} c_1 & -c_2 & & & 0 \\ & c_2 & -c_3 & & \\ & & \ddots & \ddots & \\ & & & c_{n-1} & -c_n \\ 0 & & & & c_n \end{bmatrix} \tag{6-65}$$

K_{e}、K_{h}分别结构弹性刚度矩阵和塑性刚度矩阵，

$$K_{\mathrm{e}} = \begin{bmatrix} \alpha_1 k_1 & -\alpha_2 k_2 & & & 0 \\ & \alpha_2 k_2 & -\alpha_3 k_3 & & \\ & & \ddots & \ddots & \\ & & & \alpha_{n-1}k_{n-1} & -\alpha_n k_n \\ 0 & & & & \alpha_n k_n \end{bmatrix} \tag{6-66}$$

$$K_{\mathrm{h}} = \begin{bmatrix} (1-\alpha_1)k_1 & -(1-\alpha_2)k_2 & & & 0 \\ & (1-\alpha_2)k_2 & -(1-\alpha_3)k_3 & & \\ & & \ddots & \ddots & \\ & & & (1-\alpha_{n-1})k_{n-1} & -(1-\alpha_n)k_n \\ 0 & & & & (1-\alpha_n)k_n \end{bmatrix} \tag{6-67}$$

$$A = (A_1, A_2, \cdots A_n)^{\mathrm{T}}, \quad \beta = (\beta_1, \beta_2, \cdots \beta_n)^{\mathrm{T}}, \quad \gamma = (\gamma_1, \gamma_2, \cdots \gamma_n)^{\mathrm{T}}$$

式(6-60)和式(6-61)组成一个微分方程组，方程组有两个变量$\dot{u}$、z，分别表示结构每一时刻的相对速度和滞变位移，求解时先对$\dot{u}$、z赋初值，用式(6-60)求解$\dot{u}$，再将其代入式(6-61)中，通过 Python 中的 ODE 函数求解z，这样逐步迭代，从而计算得到结构在每一时刻的动力响应。

该方法适用于 Bouc-Wen 模型，但是对于双线型模型或三线型模型而言，因为这两种模型不能以微分形式写出，所以应用该方法比较困难。但是，注意到$u_i = x_i - x_{i-1}$所表示的实际上是两个控制节点之间的相对位移，所以可以采取隔离构件的方法计算滞回响应。接下来以层剪切模型为例进行说明，具体步骤如下：

（1）计算各构件之间的相对位移，其相对位移为$u = (x_1, x_2 - x_1, \cdots, x_i - x_{i-1})^{\mathrm{T}}$，并从刚度矩阵，阻尼矩阵，质量矩阵中提取各构件的信息。该操作相当于将结构中的每个构件进行了隔离；

（2）针对隔离的每个构件，套用单自由度材料滞回模型，计算当前构件的恢复力、刚度等信息；

（3）针对增量动力分析方法（如 Newmark 方法），依据（2）的结果组建刚度矩阵代入计算；针对直接计算恢复力的方法（如中心差分法），依据（2）的结果组建恢复力矩阵代入计算。

需要注意的是，折线型模型能够轻松输出刚度与恢复力，可以应用于两种分析方法；曲线型模型易于输出恢复力但不易输出材料当前刚度，适用于直接计算恢复力的方法，当使用增量动力分析方法时需要特殊处理。

处理多自由度结构的具体 Python 代码如下：

```python
def bili_mdof(dpm, vel, states):
    # 初始化相对矩阵
    freedom = len(dpm)
    # 相对位移与绝对位移的基变换矩阵，
    # dpm@trans_mat 可以将绝对位移变成相对位移
    trans_mat = np.diag([1 for i in range(freedom)]) + np.diag(
                    [-1 for i in range(freedom - 1)], 1)
    # 恢复力乘的矩阵需要特殊注意，需要乘这个 plus 矩阵而不是上面的那个矩阵
    trans_mat_plus = np.diag([1 for i in range(freedom)]) + np.diag(
[-1 for i in range(freedom - 1)], -1)
    dpm = dpm @ trans_mat
    vel = vel @ trans_mat
    stiff_new = np.zeros(freedom)
    force = np.zeros(freedom)
    for i in range(0, freedom):
        stiff_new[i], force[i] = states[i](dpm[i], vel[i])
    # 重新组装刚度矩阵
    stiff_new = get_k(stiff_new)
    # 基变换，将以相对位移为基的恢复力转换为绝对位移
    force = force @ trans_mat_plus
    return stiff_new, force


def bouc_mdof(dpm, vel, states, time):
    # 初始化相对矩阵
    freedom = len(dpm)
    # 相对位移与绝对位移的基变换矩阵，
    # dpm@trans_mat 可以将绝对位移变成相对位移
    trans_mat = np.diag([1 for i in range(freedom)]) + np.diag(
                    [-1 for i in range(freedom - 1)], 1)
    # 恢复力乘的矩阵需要特殊注意，需要乘这个 plus 矩阵而不是上面的那个矩阵
    trans_mat_plus = np.diag([1 for i in range(freedom)]) + np.diag(
                    [-1 for i in range(freedom - 1)], -1)
    dpm = dpm @ trans_mat
    vel = vel @ trans_mat
    force = np.zeros(freedom)
    temp_stiff = np.zeros(freedom)
    for i in range(0, freedom):
        temp_stiff[i], force[i] = states[i](dpm[i], vel[i], time)
    temp_stiff = temp_stiff @ inv(trans_mat)
    # 基变换，将以相对位移为基的恢复力转换为绝对位移
    force = force @ trans_mat_plus

    return temp_stiff, force
```

5）结构弹塑性动力反应计算

在弹塑性结构的运动方程［式(6-39)］中，结构的弹性恢复力（也称抗力）$\{f_s(u)\}$是一

个非线性函数，因此叠加原理不再适用，也即不能采用振型分解法或频率分析法进行计算，则只能采用时程分析方法。

基本思路是：把时间划分很多微段，在每个微段内，结构的抗力近似为线性，这样就把结构的非线性特性用一系列相继改变的线性体系逼近，每个时刻结束时的结构参数按照当时结构的变形和应力状态来修正，逐步从加载开始到终了时刻。既然在每个时间微段内结构近似为线性，就完全可以采用前面介绍的结构线性动力计算方法来求解每个微段的结构响应。其中需要注意的是，Duhamel 积分的定积分法是积分的表达形式，不能用于非线性结构的动力求解。

若采用 Newmark-β法对结构进行非线性动力计算，则一般采用增量形式的平衡方程，即

$$m\Delta\ddot{u}_i + c\Delta\dot{u}_i + (\Delta f_S)_i = \Delta p_i \tag{6-68}$$

式中，$\Delta u_i = u_{i+1} - u_i$；$\Delta\dot{u}_i = \dot{u}_{i+1} - \dot{u}_i$；$\Delta\ddot{u}_i = \ddot{u}_{i+1} - \ddot{u}_i$；$(\Delta f_S)_i = (f_S)_{i+1} - (f_S)_i$；$\Delta p_i = p_{i+1} - p_i$。

虽然结构反应进入非线性，但只要时间步长Δt足够小，可以认为在$[t_i, t_{i+1}]$区间内结构的抗力是线性的，则

$$(\Delta f_S)_i = k_i^S\Delta u_i \tag{6-69}$$

式中，k_i^S为t_i和t_{i+1}点之间割线刚度，如图 6-32 所示。

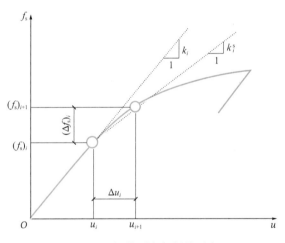

图 6-32　切线刚度与割线刚度

但由于u_{i+1}未知，因此k_i^S不能预先准确估计，这里采用时间点t_i的切线刚度k_i代替k_i^S，即$(\Delta f_S)_i \approx k_i\Delta u_i$，将该表达式代入式(6-68)得

$$m\Delta\ddot{u}_i + c\Delta\dot{u}_i + k_i\Delta u_i = \Delta p_i \tag{6-70}$$

由此可知，式(6-67)是一个线性形式的增量平衡方程，系数m、c、k_i和外荷载Δp_i均为已知。

在采用 Newmark-β法求解时，仅需要将前面所讲的全量形式［式(6-23)］的 Newmark-β法逐步积分方程改写成增量形式即可。在求得Δu_i后，通过$u_{i+1} = u_i + \Delta u_i$计算$t_{i+1}$时刻的总位移$u_{i+1}$

再利用 Newmark-β 法的两个基本公式(6-22)，则可解得 t_{i+1} 时刻的速度和加速度

$$
\left.\begin{aligned}
\ddot{u}_{i+1} &= \frac{1}{\beta \Delta t^2} \Delta u_i - \frac{1}{\beta \Delta t} \dot{u}_i - \left(\frac{1}{2\beta} - 1\right) \ddot{u}_i \\
\dot{u}_{i+1} &= \frac{\gamma}{\beta \Delta t} \Delta u_i + \left(1 - \frac{\gamma}{\beta}\right) \dot{u}_i + \left(1 - \frac{\gamma}{2\beta}\right) \Delta t \ddot{u}_i
\end{aligned}\right\}
\tag{6-71}
$$

用以上步骤计算时的误差，是由于计算抗力时采用了近似计算公式 $(\Delta f_S)_i \approx k_i \Delta u_i$ 所引起的，注意到方程 $\widehat{k}_i \Delta u_i = \Delta \widehat{p}_i$ 从形式上看与静力问题的方程完全一样，常采用 Newton-Raphson 法或修正的 Newton-Raphson 法求解。

Newton-Raphson 法（变刚度迭代法）采用不断变化的切线刚度，在每一迭代步中，刚度是变化的，如图 6-33（a）所示；而修正的 Newton-Raphson 法（常刚度迭代法）则在每一迭代步中总是采用原点的切线刚度来进行计算，如图 6-33（b）所示。

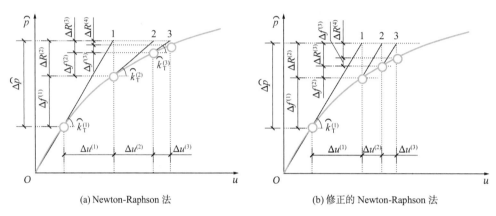

(a) Newton-Raphson 法　　　　　　(b) 修正的 Newton-Raphson 法

图 6-33　Newton-Raphson 法

变刚度迭代法的优点是迭代的收敛速度比常刚度迭代法快，缺点是在迭代过程中需要反复修正刚度矩阵；常刚度迭代法的优点是在迭代过程中无需对刚度矩阵进行修正，缺点是收敛速度比变刚度迭代法慢，但可以在一定程度上避免由于刚度退化过度而出现刚度矩阵的病态问题。

用以上迭代方法，求得 $\Delta u_i^{(1)}, \Delta u_i^{(2)}, \cdots \Delta u_i^{(l)}$ 以后，叠加得到

$$
\Delta u_i = \Delta u_i^{(1)} + \Delta u_i^{(2)} + \cdots + \Delta u_i^{(l)}
\tag{6-72}
$$

如果 $\Delta u_i^{(l)} / \Delta u_i < \varepsilon$ 则认为收敛，达到要求的精度，停止迭代计算。ε 为一个给定的小量，如 0.001。一般情况下，经过有限次的迭代计算即可以收敛。

因为相关计算的代码篇幅过长，且不同的算法和非线性模型组合的方式多样，所以这里仅展示使用 Newmark-β 结合双线型模型进行计算的源代码及算例。

使用 Newmark-β 结合双线型模型计算的 Python 源代码如下：

```
def newmark_bili(mass, stiffness, load,
        delta_time, damping_ratio,
        dpm_0, vel_0, acc_0,
        model_parms,
        beta=0.25, gamma=0.5,
        result_length=0,
```

```
                    nlr_model=Bilinear2):
    """
    MDOF 非线性 Newmark-beta 法计算函数
    Parameters
    ----------
    mass 质量矩阵
    stiffness 刚度矩阵
    load 荷载列阵
    delta_time 时间步长
    damping_ratio 阻尼比
    dpm_0 初始位移
    vel_0 初始速度
    acc_0 初始加速度
    model_parms 非线性模型参数
    beta beta 参数
    gamma gamma 参数
    result_length 计算长度
    nlr_model 采用的非线性模型

    Returns 位移,速度,加速度,恢复力
    -------

    """
    # 进行计算数据准备
    freedom = len(dpm_0)  # 计算自由度
    if type(damping_ratio) == float:
        damping = rayleigh(mass, stiffness, damping_ratio)  # 计算阻尼矩阵
    else:
        damping = damping_ratio

    # 荷载末端补零
    if result_length == 0:
        result_length = int(1.2 * len(load))  # 计算持时
    load = load + [np.array(
            [0 for i in range(freedom)]) for i in range(result_length - len(load))]

    # 初始化位移、速度、加速度
    dpm = np.zeros((result_length, freedom))
    vel = np.zeros((result_length, freedom))
    acc = np.zeros((result_length, freedom))
    dpm[0] = dpm_0
    vel[0] = vel_0
    acc[0] = acc_0

    # 初始化非线性参数
    models = [nlr_model(i[0], i[1], i[2], i[3], i[4], i[5]) for i in model_parms]
    force = np.zeros((result_length, freedom))

    # 计算中间参数
    a_0 = 1 / (beta * delta_time ** 2)
    a_1 = gamma / (beta * delta_time)
    a_2 = 1 / (beta * delta_time)
    a_3 = 1 / (2 * beta)
    a_4 = gamma / beta
    a_5 = (a_4 - 2) * delta_time / 2
    temp_stiff = stiffness
    # 积分步迭代开始
    for i in range(result_length - 1):
        # 计算荷载增量
        delta_load = load[i + 1] - load[i]
        # 计算等效荷载
```

```
        equ_load = delta_load + mass @ (
                a_2 * vel[i] + a_3 * acc[i]) + damping @ (a_4 * vel[i] + a_5 * acc[i])
        # 计算等效刚度
        equ_stiffness = temp_stiff + a_0 * mass + a_1 * damping
        # newton-raphson 迭代
        # 初始化迭代变量
        delta_dpm = dpm[i]  # 迭代初始位移
        delta_force = force[i]  # 迭代初始恢复力
        while True:
            # print("等效荷载:", equ_load)
            delta_temp_dpm = inv(equ_stiffness) @ equ_load  # 计算迭代步位移增量
            # print("位移增量:", delta_temp_dpm)
            temp_dpm = delta_dpm + delta_temp_dpm  # 求解迭代后位移
            # print("迭代后位移:", temp_dpm)
            # 计算当前恢复力与刚度
            temp_stiff, temp_force = bili_mdof(temp_dpm, vel[i], models)
            # 计算等效残余力
            equ_load -= temp_force - delta_force  # 这一步恢复力减去上一步恢复力
            equ_stiffness = temp_stiff + a_0 * mass + a_1 * damping
            equ_load -= (a_0 * mass + a_1 * damping) @ delta_temp_dpm

            # 更新位移与恢复力
            delta_dpm = temp_dpm
            delta_force = temp_force
            # print(equ_load)
            if sum(abs(equ_load)) < 1e-5:
                break
        # 计算真实位移
        dpm[i + 1] = temp_dpm
        # 计算真实加速度
        acc[i + 1] = a_0 * (dpm[i + 1] - dpm[i]) - a_2 * vel[i] - (a_3 - 1) * acc[i]
        # 计算速度
        vel[i + 1] = a_1 * (dpm[i + 1] - dpm[i]) + (1 - a_4) * vel[i] + (1 - a_4 / 2) *
acc[i] * delta_time
        force[i + 1] = temp_force

    return dpm, vel, acc, force
```

【例 6-10】以【例 6-3】的三层剪切型结构为例,该结构的底层作用一个峰值为 220gal 的 El-Centro 地震波,采用不考虑刚度退化的双折线模型,屈服后刚度为 0,屈服力为 900N, 试计算其结构响应。

【解】Python 程序实现如下:

```
if __name__=="__main__":
    quake, delta_time = read_quake_wave("../../res/ELCENTRO.DAT")
    m = np.array([2762, 2760, 2300])
    k = np.array([2.485, 1.921, 1.522]) * 1e4
    quake = pga_normal(quake, 2.2)
    quake[0] = 0  # 动力增量方法的荷载第一步一定必须为 0
    freedom = 3
    layer_shear = LayerShear(m, k)
    load = []
    for i in range(len(quake)):
        load.append(np.array([quake[i] * 2762, 0, 0]))
    init = np.array([0, 0, 0])
    bili_parms = []
    for i in range(freedom):
        bili_parms.append((k[i], 0 * k[i], 9e2, 0, 0, 0))
```

```
bouc_parms = []
for i in range(freedom):
    bouc_parms.append((k[i], 0, 0, 0, 0, 0.4, 1, 0.5, 0.5, 3))
new_dpm, new_vel, new_acc, new_force = newmark_bili(layer_shear.m, layer_shear.k,
                                        load, delta_time, 0.05,
                                        init, init, init, bili_parms)
trans_mat = np.diag(
        [1 for i in range(freedom)]) + np.diag([-1 for i in range(freedom - 1)], 1)
trans_mat_plus = np.diag(
        [1 for i in range(freedom)]) + np.diag([-1 for i in range(freedom - 1)], -1)
dpm = new_dpm @ trans_mat
force = new_force @ np.linalg.inv(trans_mat_plus)

response_figure([new_dpm[:, 0], new_dpm[:, 1], new_dpm[:, 2]],
    [["Shear1", "#0080FF", "-"], ["Shear2", "#000000", "--"], ["Shear3", "red", "-"]],
            x_tick=8, y_tick=0.03, x_length=40,
            delta_time=delta_time, save_file="6.2.2_6.svg")
hysteresis_figure([dpm[:, 0], force[:, 0]], x_tick=0.02, y_tick=4e2,
            save_file="6.2.2_7.svg")
hysteresis_figure([dpm[:, 1], force[:, 1]], x_tick=0.02, y_tick=4e2,
            save_file="6.2.2_8.svg")
hysteresis_figure([dpm[:, 2], force[:, 2]], x_tick=0.02, y_tick=4e2,
            save_file="6.2.2_9.svg")
```

程序运行结果如下：

1）各楼层位移响应如图 6-34 所示。

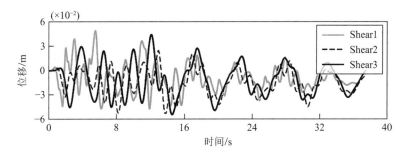

图 6-34　各楼层位移响应时程曲线

2）第一层柱滞回曲线如图 6-35 所示。

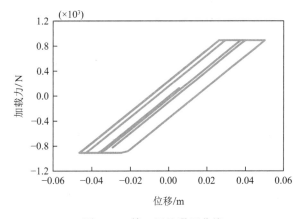

图 6-35　第一层柱滞回曲线

3）第二层柱滞回曲线如图 6-36 所示。

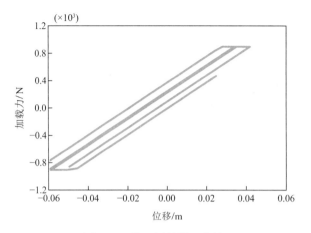

图 6-36　第二层柱滞回曲线

4）第三层柱滞回曲线如图 6-37 所示。

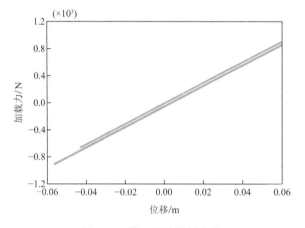

图 6-37　第三层柱滞回曲线

为了验证计算的准确性，在 SAP2000 中搭建了该三层剪切模型，计算得到的结果与程序计算结果对比如图 6-38 和图 6-39 所示。

1）第一层位移时程对比如图 6-38 所示。

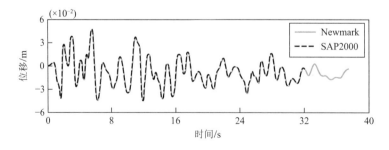

图 6-38　第一层楼面位移时程曲线对比

2）第一层剪力时程对比。

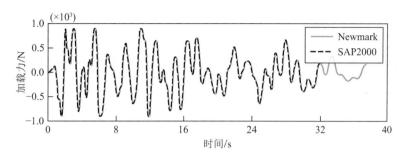

图 6-39　第一层柱底剪力时程曲线对比

<《 第 7 章 》>

Python 在结构参数化建模中的应用

近年来，许多商用有限元软件与建筑设计软件都提供了 Python 编程接口并支持基于 Python 的二次开发。使用 Python 进行参数化建模，能够使结构模型具有跨平台、高保真、可优化等特点。基于 Python 本身应用场景广泛的优势，还可以轻松地将结构有限元模型与数字孪生技术、人工智能技术相结合，使结构动力分析数字化、智能化。

本章主要介绍 Python 在 ABAQUS、ANSYS 和 YJK 计算软件中实现结构参数化建模方面的应用，并简要介绍 ChatGPT 指导有限元建模。

7.1 Python 在 ABAQUS 中的应用

7.1.1 ABAQUS 简介

ABAQUS 是一款功能强大的有限元分析软件，于 1978 年 9 月由 HKS 公司开发。ABAQUS 的主要的应用场景有：静态应力应变分析、结构时程响应分析、非线性的静态或动态应力应变分析、热传导分析、退火成型分析、质量扩散分析、耦合分析、海洋工程结构分析、疲劳分析、冲击分析等，涵盖固体、流体、场等各种材料的高度非线性分析。

就像许多有限元软件一样，解决有限元问题的步骤也组成了 ABAQUS 的三个主要功能模块：前处理、求解器和后处理模块。其中前处理和后处理模块是 ABAQUS/CAE，求解器模块主要有三个：ABAQUS/Standard、ABAQUS/Explicit 和 ABAQUS/CFD，分别对应于"通用有限元隐式求解""强非线性问题的显式求解"和"流体问题求解"三个主要问题分类。ABAQUS/CAE 的界面如图 7-1 所示，展示的是 2023 版的 ABAQUS/CAE 中文界面，主要分为 6 个区域：

区域 1：导航栏，可以进行整体环境的配置、文件保存和导入等；

区域 2：快捷键栏；

区域 3：模型工作树，可以在这里看到当前文件的组织架构并进行一些编辑操作；

区域 4：操作导航栏，前后处理中的大多数操作在这里完成；

区域 5：视图窗口，可以在这里看到模型的实际状态；

区域 6：信息与脚本界面，在这里可以看到程序的输出并能够输入脚本指令。

7.1.2 ABAQUS 中的 Python 环境

ABAQUS 本身自带 Python 解释器，不需要额外配置 Python 环境，但是编程时需要用到许多第三方库，而 ABAQUS 自带的解释器可能没有携带这些库，因此需要为该 Python 解释器导入所需的第三方库。

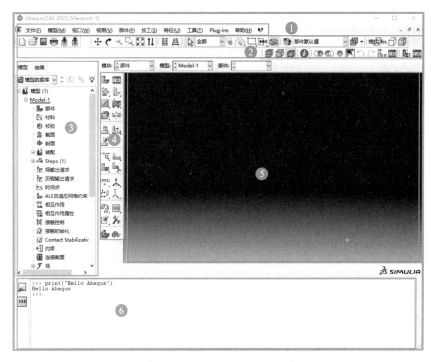

图 7-1　ABAQUS/CAE 界面

（1）首先需要得到当前解释器的 Python 版本，不同 ABAQUS 版本携带的解释器类型不同，在命令行中输入

```
abaqus python
```

本书中使用的 ABAQUS 是 2023 版本，命令行输出

```
Python 2.7.15 for Abaqus 2023 (default, Aug 27 2022, 06:47:47) [MSC v.1928 64 bit
(AMD64)] on win32
Type "help", "copyright", "credits" or "license" for more information.
>>>
```

从输出中可以看到，ABAQUS2023 中使用的 Python 版本是 2.7.15。

（2）创建一个版本相同的 Python 环境，在 cmd 命令行中激活 conda 环境后输入

```
conda create -n pyabaqus python=2.7.15
```

等待环境安装成功。

（3）以安装 numpy 库为例，激活安装的 Python 环境，在命令行中输入

```
activate pyabaqus
```

环境激活成功后输入

```
conda install numpy
```

等待 numpy 库安装成功，并且记录下该环境的安装位置，通常新环境的安装位置为
anaconda 安装目录下 envs 文件夹或者用户名文件夹下的.conda 隐藏文件夹。本书中的安装
位置为

```
C:\Users\RichardoGu\.conda\envs
```

（4）在 ABAQUS 的 Python 脚本前面添加这两行命令：

```
import sys
sys.path.append("C:\Users\RichardoGu\.conda\envs\pyabaqus\Lib\site-packages")
```

即可正常调用安装的第三方库，如图 7-2 所示。

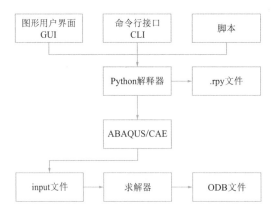

图 7-2　调用安装的第三方库

7.1.3　Python 脚本执行方式

从底层的角度来看，在 ABAQUS/CAE 中的建模其本质就是使用 Python 接口的建模。
ABAQUS 脚本接口与 ABAQUS/CAE 通信关系如图 7-3 所示，无论是在图形界面（GUI）
中的操作还是编写的 Python 脚本，都会经 Python 解释器处理后才进入到 ABAQUS/CAE
中执行，最后由 ABAQUS/CAE 将模型转换为.inp 文件并送入求解器计算。其中需要特别
注意的是，用户在 GUI 中进行的每一步建模步骤，都会被转换为 Python 指令并保存在
ABAQUS 工作目录下的.rpy 文件中，用户只需要将.rpy 文件后缀名改为.py，即可使用任意
的 Python 编辑器打开该文件。

```
┌──────────┐  ┌──────────┐  ┌──────────┐
│图形用户界面│  │命令行接口 │  │   脚本   │
│   GUI    │  │   CLI    │  │          │
└──────────┘  └──────────┘  └──────────┘
                    │
             ┌────────────┐   ┌──────────┐
             │Python解释器 │──▶│ .rpy文件 │
             └────────────┘   └──────────┘
                    │
             ┌────────────┐
             │ ABAQUS/CAE │
             └────────────┘
                    │
┌──────────┐  ┌──────────┐  ┌──────────┐
│ input文件 │─▶│  求解器  │─▶│ ODB文件  │
└──────────┘  └──────────┘  └──────────┘
```

图 7-3　ABAQUS 脚本接口与 ABAQUS/CAE 通信关系

ABAQUS 的脚本执行方式主要有以下 3 类：

（1）在命令行中运行脚本

当启动 ABAQUS/CAE 的同时，会打开一个命令行窗口，在窗口中输入以下指令即可
运行脚本：

```
abaqus cae script = myscript.py
abaqus cae startup = myscript.py
```

或者，用户可以使用 win + R，输入 cmd 后打开 Windows 命令行，在环境变量配置正确的条件下运行以下命令执行脚本：

```
abaqus cae noGUI=myscript.py
```

其中 myscript.py 是需要运行的脚本名称，需要注意的是，没有特殊设置，使用命令行方法运行脚本如果将不会出现图形界面。

（2）在 ABAQUS 中运行脚本文件

ABAQUS/CAE 界面有两种方法运行脚本文件：当开启一个新的 ABAQUS/CAE 程序时，会弹出启动窗口，这时点击启动窗口上的"运行脚本（Run Script）"按钮并选择需要执行的脚本文件即可，如图 7-4 所示；在 ABAQUS/CAE 导航栏中选择"运行脚本（Run Script）"子菜单，并选择需要执行的脚本文件，如图 7-5 所示。

图 7-4　启动窗口中运行脚本　　　图 7-5　导航栏中运行脚本

（3）从 ABAQUS 命令行接口运行脚本

在命令行接口可以执行任意 Python 程序，或者直接执行脚本，如图 7-6 所示，输入命令如下：

```
execfile("myscript.py")
```

其中 myscript.py 是需要运行的脚本名称。

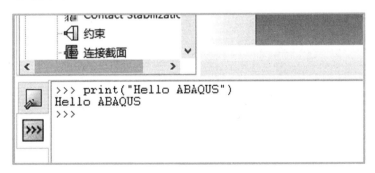

图 7-6　命令行直接执行脚本

7.1.4 建模算例

接下来将会从两个例子介绍使用 Python 进行 ABAQUS 建模与计算的过程。

1）简支梁

以下将使用 Python 接口建立一个受均布荷载的悬臂梁模型。

```python
# 设定材料参数
beam_width = 0.3  # 梁宽度为 0.3m
beam_depth = 0.6  # 梁厚度为 0.6m
span_length = 12  # 梁跨度为 12m
E = 209e9  # 弹性模量, 单位: Pa (Pascal)
mu = 0.3  # 泊松比
load_magnitude = 12000.0  # 荷载大小, 单位: N (牛顿)
element_size = 0.1  # 网格单元尺寸, 单位: m
# 创建新模型和新视口
my_model = mdb.Model(name='SimpleSupportedBeam')
my_viewport = session.Viewport(name='SimpleSupportedBeam_View')
my_viewport.makeCurrent()
# 创建基础特征草图
my_sketch = my_model.ConstrainedSketch(name='BeamSketch', sheetSize=10.0)
# 绘制梁截面
my_sketch.Line(point1=(0.0, 0.0), point2=(beam_width, 0.0))  # 底边
my_sketch.Line(point1=(beam_width, 0.0), point2=(beam_width, beam_depth))  # 右边
my_sketch.Line(point1=(beam_width, beam_depth), point2=(0.0, beam_depth))  # 顶边
my_sketch.Line(point1=(0.0, beam_depth), point2=(0.0, 0.0))  # 左边
# 创建三维变形体部件
my_part = my_model.Part(name='SimpleSupportedBeam_Part', dimensionality=THREE_D,
type=DEFORMABLE_BODY)
my_part.BaseSolidExtrude(sketch=my_sketch, depth=span_length)  # 对草图拉伸创建部件
# 创建材料
my_material = my_model.Material(name='Steel')  # 创建材料为钢材
elastic_properties = (E, mu)
my_material.Elastic(table=(elastic_properties,))
# 创建实体截面
my_section = my_model.HomogeneousSolidSection(name='BeamSection', material='Steel',
thickness=None)
# 创建简支梁截面
region = (my_part.cells,)
my_part.SectionAssignment(region=region, sectionName='BeamSection', offset=0.0,
                          offsetType=MIDDLE_SURFACE, offsetField='',
                          thicknessAssignment=FROM_SECTION)
# 创建装配
my_assembly = my_model.rootAssembly
my_instance = my_assembly.Instance(name='SimpleSupportedBeam_Instance', part=my_part,
dependent=ON)
# 创建分析步
my_model.StaticStep(name='beam_load', previous='Initial')
# 找到荷载施加的面
region_load_center = (0.1, 0.6, 6)
region_load = my_instance.faces.findAt((region_load_center,))
region_load = my_assembly.Surface(side1Faces=region_load, name="load_surface")
# 找到约束施加的面
region_fix_center = (0.1, 0.6, 0)
region_fix = my_instance.faces.findAt((region_fix_center,))
region_fix = my_assembly.Set(faces=region_fix, name="fix_Set")
# 创建均布荷载
my_model.Pressure(name='Load',
                  createStepName='beam_load', region=region_load, distributionType=UNIFORM,
                  field='', magnitude=load_magnitude, amplitude=UNSET)
```

```
# 创建固支约束
my_model.EncastreBC(name='FixedSupport', createStepName='beam_load', region=region_fix)
# 创建网格
my_part.seedPart(size=element_size)
my_part.generateMesh()
# 提交作业
my_job = mdb.Job(name='SimpleSupportedBeam_Job', model='SimpleSupportedBeam',
                 description='Simple Supported Beam Analysis')
my_job.submit(consistencyChecking=OFF)
mdb.jobs[my_job.name].waitForCompletion()
# 汇总数据，打开 OBD 文件
session.mdbData.summary()
session.openOdb(name='F:/temp/SimpleSupportedBeam_Job.odb')
```

　　为了方便可视化操作，可以将上述代码直接复制粘贴到 ABAQUS 命令行中执行，在执行完成后，可以在 ABAQUS/CAE 中看到模型计算结果，计算得到的应力云图如图 7-7 所示。

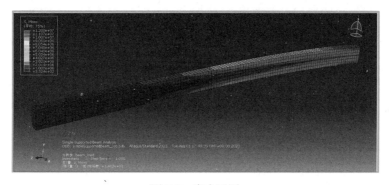

图 7-7　应力云图

2）多层框架结构

　　多层混凝土框架结构相对于普通悬臂梁结构而言较为复杂，为了方便使用 Python 接口参数化建模，ABAQUS 给出了"宏录制"的操作，这里将会针对三层框架结构中的一些建模步骤简要介绍"宏录制"操作的实际应用，操作流程如图 7-8 所示。

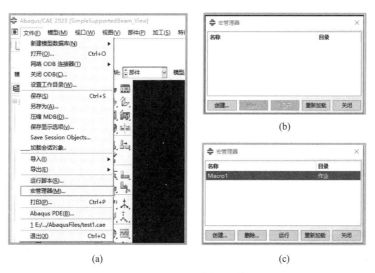

(a)　　　　　　　　　　(b)

(c)

图 7-8　"宏录制"操作

（1）点击"文件"→"宏管理器"→"创建"。

（2）进行草图绘制，绘制一个截面为 0.4m×0.6m，跨度为 12m 的梁，并设置其弹性模量为 30GPa，泊松比为 0.2。

（3）点击"停止录制"，可以看到宏管理器中出现了一个名称为"Macro1"的宏，此时在 ABAQUS 工作目录下可以找到"abaqusMacros.py"文件。

打开 abaqusMacros.py 文件，可以看到以下代码：

```python
def Macro1():
    # 省略了一些导入的库
    s = mdb.models['Model-1'].ConstrainedSketch(name='__profile__', sheetSize=2.0)
    g, v, d, c = s.geometry, s.vertices, s.dimensions, s.constraints
    s.setPrimaryObject(option=STANDALONE)
    s.rectangle(point1=(0.0, 0.0), point2=(0.4, 0.6))
    p = mdb.models['Model-1'].Part(name='Part-1', dimensionality=THREE_D,
        type=DEFORMABLE_BODY)
    p = mdb.models['Model-1'].parts['Part-1']
    p.BaseSolidExtrude(sketch=s, depth=12.0)
    s.unsetPrimaryObject()
    p = mdb.models['Model-1'].parts['Part-1']
    session.viewports['SimpleSupportedBeam_View'].setValues(displayedObject=p)
    del mdb.models['Model-1'].sketches['__profile__']
    mdb.models['Model-1'].Material(name='Material-1')
    mdb.models['Model-1'].materials['Material-1'].Elastic(table=((30000000000.0,
        0.2), ))
    mdb.models['Model-1'].HomogeneousSolidSection(name='Section-1',
        material='Material-1', thickness=None)
    p = mdb.models['Model-1'].parts['Part-1']
    c = p.cells
    cells = c.getSequenceFromMask(mask=('[#1 ]', ), )
    region = p.Set(cells=cells, name='Set-1')
    p = mdb.models['Model-1'].parts['Part-1']
    p.SectionAssignment(region=region, sectionName='Section-1', offset=0.0,
        offsetType=MIDDLE_SURFACE, offsetField='',
        thicknessAssignment=FROM_SECTION)
```

通过一些简单的修改，如将截面属性，材料属性定义为函数参数，就可以得到能够加快建模过程的复用性代码，修改示例如下：

```python
def Beam1(model,beam_width,beam_depth,
length,name ="beam_part",E=30e9,mu=0.2,material=None,section=None):
    """
    Create the beam
    """
    # Create the Sketch of beam
    sketch = model.ConstrainedSketch(name='beam_sketch',
sheetSize=2*max(beam_width,beam_depth))
    sketch.setPrimaryObject(option=STANDALONE)
    # Draw the sketch
    sketch.rectangle(point1=(0.0, 0.0), point2=(beam_width,beam_depth))
    #Create the part
    part = model.Part(name=name, dimensionality=THREE_D, type=DEFORMABLE_BODY)
    part.BaseSolidExtrude(sketch=sketch, depth=length)
    # If material not exist, create the material named concrete
    if not material:
        material = model.Material(name='concrete')
        material.Elastic(table=((E,mu), ))
    # If section not exist, create the section named beam_section
```

```
if not section:
    section = model.HomogeneousSolidSection(name='beam_section',material='concrete',
thickness=None)
# Section Assignment
region = (part.cells,)
part.SectionAssignment(region=region, sectionName='beam_section', offset=0.0,
    offsetType=MIDDLE_SURFACE, offsetField='',
    thicknessAssignment=FROM_SECTION)
```

经过修改后，可以通过以下方式快速建立一个梁：

```
my_model = mdb.models['Model-1']
Beam1(my_model,0.4,0.6,12)
```

上面的两行命令在名为"Model-1"的模型中建立了一个宽 0.4m，高 0.6m，跨度为 12m 的梁，弹性模量为 30GPa，泊松比为 0.2。通过这样的函数，使得在 ABAQUS 中正确且快速地建立一个复杂建筑结构模型成为可能。本节使用自定义宏的方法构建代码，将部分可以复用的流程写成了函数，这些函数可以在 https://github.com/cyling250/StructuralDynamic-Py 中下载。通过调用函数建立了一个多层框架结构，代码如下：

```
"""本程序需要与相关函数一起使用，单独不能运行。相关函数保存在 libs 文件夹下的 abaqus.py 文件中"""
#建立一个名称为 test 的模型
model = create_model("test")
#定义柱部件参数和梁部件参数
colum = colum_part(model,0.4,0.4,3.6)
beam = beam_part(model,0.4,0.6,12)
#装配标准层柱和梁
colums = []
colums.append(colum_assembly(model,colum))
colums.append(colum_assembly(model,colum,(12,0,0),1))
colums.append(colum_assembly(model,colum,(12,12,0),2))
colums.append(colum_assembly(model,colum,(0,12,0),3))
beams = []
beams.append(beam_assembly(model,beam,((0,0),(0,12))))
beams.append(beam_assembly(model,beam,((0,12),(12,12)),3.6,1))
beams.append(beam_assembly(model,beam,((12,12),(12,0)),3.6,2))
beams.append(beam_assembly(model,beam,((12,0),(0,0)),3.6,3))
#层间复制
shear_copy(model,8,3.6)
instances_key,instances_value = get_instances(model)
#通过布尔运算设置节点刚接，并得到固结后的模型'Structure'
model.rootAssembly.InstanceFromBooleanMerge(name='Structure',
instances=instances_value, keepIntersections=ON, originalInstances=SUPPRESS,
domain=GEOMETRY)
#创建静力分析步
model.StaticStep(name='Step-1', previous='Initial')
#定位荷载的施加位置与约束的施加位置，使用坐标编码方式
location_load = []
for i in range(8):
    location_load += [(7.933333, -0.133333, 3.6*(i+1)), (12.133333, 7.933333,
3.6*(i+1)), (7.933333, 11.866667, 3.6*(i+1)), (-0.133333, 4.066667, 3.6*(i+1))]
location_res=((12.066667, -0.066667, 0.0), (0.066667, 11.933333,
0.0),(0.066667, -0.066667, 0.0),(12.066667, 11.933333, 0.0))
#施加均布荷载
set_pressure(model,location_load,"Step-1",12.0)
#施加固结约束
set_restraint(model,location_res,"Step-1")
#划分网格
```

```
set_mesh(model,1.0)
#创建并提交作业
job = mdb.Job(name='SimpleSupportedBeam_Job', model=model.name, description='Simple
Supported Beam Analysis')
job.submit()
#等待作业完成
mdb.jobs[job.name].waitForCompletion()
#汇总输出结果并打开数据库
session.mdbData.summary()
session.openOdb(name='F:/temp/SimpleSupportedBeam_Job.odb')
```

如图 7-9 所示，给出了该结构的计算结果。此外，还有许多使用 Python 在 ABAQUS 建模中的应用方法，可以参考曹金凤博士的《Python 语言在 Abaqus 中的应用》（机械工业出版社，2011）。

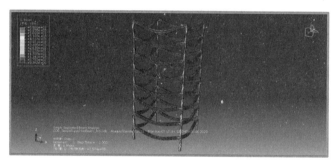

图 7-9　框架结构应力云图

7.2　Python 在 ANSYS 中的应用

7.2.1　ANSYS 简介

1970 年，Dr. John Swanson 成立了 Swanson Analysis System, Inc., 后来重组改称 ANSYS 公司。ANSYS 在结构分析、热分析、流体分析、电磁场分析、耦合场分析中都具有十分强大的功能。其中针对结构分析，ANSYS 可以进行静力分析、特征屈曲分析、模态分析、谐响应分析、瞬态动力分析、谱分析、显式动力分析等。

ANSYS 的处理器主要有 9 种，每个处理器执行不同的任务，其中在结构分析中常用到的处理器为 prep7，solution 和 post1/26，这些处理器分别对应前处理、模型求解和后处理功能。

相对于 GUI 的操作方式，ANSYS 提供了功能强大的命令流处理程序与专用参数化设计语言 ANSYS Parametric Design Language（APDL），并且 APDL 语言与 GUI 界面也可以做到协同工作，这种方式使得 ANSYS 建模具有修改简单、文件处理方便、优化方便等特点。也正因如此，融合 Python 与 APDL 语言进行建模也变得更加简单方便。

APDL 提供了丰富的脚本与控制功能，支持与 ANSYS 产品进行交互。用户可以在 APDL（或者 Mechanical APDL [MAPDL]，一种基于 APDL 创建的有限元分析程序）中编写脚本，从而进行仿真的设置、执行和后处理。但是，这种处理方式使得用户只能在这些工具中使用它们的脚本功能，没有一种机制支持 APDL、MAPDL 或者 ACT 之外的、可编程的方式与 ANSYS 产品交互。

　　但在 2016 年，一位名叫 Alex Kaszynski 的 Python 开发人员创建了一种代码库，能够使用 Python 与 MAPDL 进行交互。当时，Python 已成为学校开设的热门课程，并受到无数开发人员的热烈追捧，而且 Python 生态系统拥有丰富的公共与私有代码库，可供开发人员下载并用于创建自己的应用。Kaszynski 在 GitHub 上发布了他的代码库 PyMAPDL，以便感兴趣的用户可以下载，并将其功能整合到他们的 MAPDL 项目中。目前该库已经被 PYPI 纳入管理并命名为 pyansys，用户可以使用 pip 命令行轻松地下载该库并在 github 上阅读相关说明文档。

　　该项目的博客地址为：https://www.ansys.com/zh-cn/blog/accessing-ansys-from-python，
　　项目地址为：https://github.com/ansys，
　　说明文档地址为：https://mapdl.docs.pyansys.com/version/stable/user_guide/launcher.html。

7.2.2　ANSYS 中的 Python 环境

　　接下来介绍使用 anaconda 包管理工具和 pip 工具配置 ANSYS 的 Python 环境，安装过程如下：

　　（1）因为 pyansys 库对版本的要求较为严格，所以强烈建立新建一个 python 环境，经过验证，使用 python3.7 版本可以安装成功。创建新环境的操作详见第二章，这里不再赘述，本书将新环境命名为 ansys。

　　（2）激活 ansys 环境，并将 pip 工具更新到最新版本，在命令行中依次输入以下命令。

```
activate ansys
python -m pip install -U pip
```

　　（3）安装 pyansys 库，这里建议安装全部模块，在命令行中输入以下命令。

```
python -m pip install pyansys[all]
```

　　（4）安装 pyiges 库，在命令行中输入以下命令。

```
python -m pip install pyiges[full]
```

　　命令执行完成后 pyansys 库即安装完成，pyansys 库可以在任意 python 的编辑器中使用，如果使用 PyCharm 将更加方便模型的建立与调试。

7.2.3　建模算例

　　下面以一个简单的几何模型进行说明。

　　在官方的说明文档中介绍了一个 demo，这个 demo 的功能是建立一个长方体构件，并在该长方体构件上开洞，进行网格划分，相关代码如下：

```
from ansys.mapdl import core as pymapdl
from ansys.mapdl.core import launch_mapdl
import numpy as np

new_path = 'D:/ANASYS Inc/v231/ansys/bin/winx64/ANSYS231.exe'
pymapdl.change_default_ansys_path(new_path)

mapdl = launch_mapdl()
# create a rectangle with a few holes
```

```
mapdl.prep7()
rect_anum = mapdl.blc4(width=1, height=0.2)
# create several circles in the middle in the rectangle
for x in np.linspace(0.1, 0.9, 8):
    mapdl.cyl4(x, 0.1, 0.025)
# Generate a line plot
mapdl.lplot(color_lines=True, cpos='xy')


# --------------------------------------------


plate_holes = mapdl.asba(rect_anum, 'all')
# extrude this area
mapdl.vext(plate_holes, dz=0.1)
mapdl.vplot()


# --------------------------------------------


mapdl.et(1, 'SOLID186')
mapdl.vsweep('ALL')
mapdl.esize(0.1)
mapdl.eplot()
input("Press enter to exit.")
mapdl.exit()
```

代码运行后可以得到三张不同的图形，如图 7-10 所示。

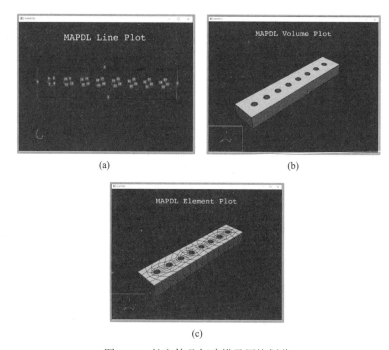

图 7-10　长方体几何建模及网格划分

7.3　Python 在 YJK 中的应用

7.3.1　YJK 简介

YJK 是由北京盈建科软件股份有限公司研发的一款功能强大、操作便捷的建筑设计软件，能够对建筑结构进行静力分析、工程校审、风荷载分析、动力时程分析、弹塑性分析等，已经在许多实际建筑的设计中得到应用。

YJK 偏向于建筑等结构的设计方面，而不是有限元分析，所以它的功能模块主要有建模设计模块、计算校审模块，配筋模块，时程分析模块等。近年来，随着数字化技术的不断发展，YJK 也推出了 YJK-GAMA 智能化设计模块，帮助设计师更好地优化建筑建模与设计。

7.3.2　Py-yjks 的安装与配置

Py-yjks 是一个基于 YJK 软件的 Python 编程接口，可以支持使用 Python 进行参数化建模与分析。Py-yjks 的配置过程如下：

（1）登录 https://gitee.com/yjk-opensource/py-yjks 下载全部文件。

（2）安装 Python，推荐安装 3.8 版本的 Python，并且将 Python 3.8 加入到 Path 环境变量中。

（3）打开 cmd 命令行，使用 pip 命令安装 numpy 库，输入以下命令：

```
pip install numpy
```

（4）将对应的 YJK 版本替换到 YJK 安装目录下，这里的文件夹命名为 YJK 版本及 Python 版本，如图 7-11 所示。

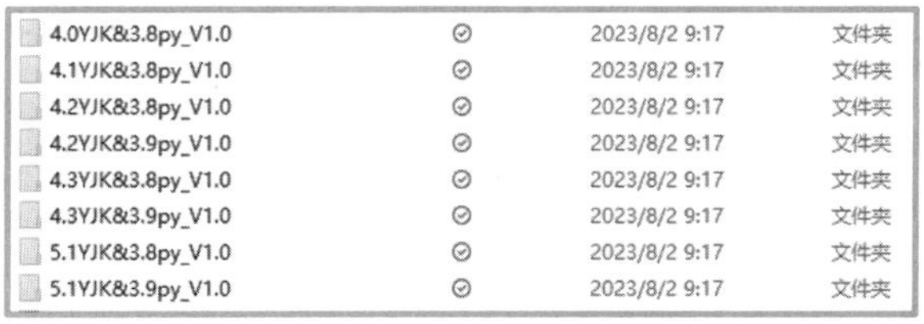

4.0YJK&3.8py_V1.0	⊘	2023/8/2 9:17	文件夹
4.1YJK&3.8py_V1.0	⊘	2023/8/2 9:17	文件夹
4.2YJK&3.8py_V1.0	⊘	2023/8/2 9:17	文件夹
4.2YJK&3.9py_V1.0	⊘	2023/8/2 9:17	文件夹
4.3YJK&3.8py_V1.0	⊘	2023/8/2 9:17	文件夹
4.3YJK&3.9py_V1.0	⊘	2023/8/2 9:17	文件夹
5.1YJK&3.8py_V1.0	⊘	2023/8/2 9:17	文件夹
5.1YJK&3.9py_V1.0	⊘	2023/8/2 9:17	文件夹

图 7-11　YJK 安装目录

（5）运行 YJK，并在命令行中输入 yjks_pyload 命令加载写好的.py 文件，如图 7-12 所示。

图 7-12　命令行中加载写好的 py 文件

7.3.3　建模算例

（1）三层框架结构

首先使用一个简单的三层框架结构案例来进行说明，使用 Py-yjks 在 YJK 中建立了一栋三层的框架结构。为了说明建模的整体流程，将建模中所用到的函数名陈列如下，具体代码在 parts/part7 文件夹的 7.3.3_1.py 文件中。

```python
# 节点生成的函数
# 输入参数包括关于 x 向布点的参数 xspans、y 向布点的参数 yspans、标准层 bzc 以及上节点高 Eon
# 最终输出一个二维节点向量 nodelist[index_x][index_y]
def node_generate(xspans, yspans, bzc, Eon=0):
    pass
    return nodelist


# 网格生成函数
# 输入参数包括二维节点向量 nodelist，相关参数 direct_x、direct_y
# 输出一个一维的网格列表 gridlist
def grid_generate(nodelist, direct_x, direct_y):
    pass
    return gridlist


# 构件定义函数（目前仅支持梁柱墙，其余构件类型可自行添加）
# 输入构件类型名及相关定义参数
# 输出构件定义
def def_member(name, *params):
    pass
    raise Exception('未定义的构件类型名称')


# 荷载定义函数（目前仅支持梁柱墙，其余构件类型可自行添加）
# 输入荷载类型名及相关定义参数
# 输出荷载定义
def def_load(name, *params):
    pass
    raise Exception('未定义的构件类型名称')


# 柱布置函数
# 输入参数包括一个二维节点列表 nodelist 和柱定义 defcol
# 输出柱列表
def column_arrange(nodelist, defcol):
    pass
    return column_list


# 梁布置函数
# 输入参数包括一个一维的网格列表 gridlist 和梁定义 defbeam
# 输出梁列表
def beam_arrange(gridlist, defbeam):
    pass
    return beam_list


# 楼板布置函数，可设置为洞口
# 输入参数包括楼板的
def slab_arrange(Xc, Yc, Thick, bzc, ishole):
    pass


# 荷载布置函数
# 输入参数包括一个一维的构件列表 gridlist 和荷载定义 defload
def load_arrange(member_list, defload):
    pass


# 标准层复制函数
# 输入参数包括起始高度 H_start、标准层 bzc、复制次数 number、层高 height
def bzc_copy(H_start, bzc, number, height):
    pass
```

```
# 主体建模函数
def TestBuild():
    pass
    return 0

def yjksetLabel(IDString):  # 切换 YJK 模块 Ribbob 菜单
    pass
    return 1

def pyyjks():  # 入口函数
    pass
```

通过运行代码后，在 YJK 中得到了如图 7-13 所示的建筑模型：

（2）高层剪力墙结构

其次，为了展示 Py-yjks 也可以进行复杂结构的构建工作，建立了一栋高层剪力墙结构，相关的代码在 parts 文件夹中的 7.3.3_2.py 文件中。通过第 7.3.2 节的方式运行代码，可以在 YJK 中看到该剪力墙结构，如图 7-14 所示。

 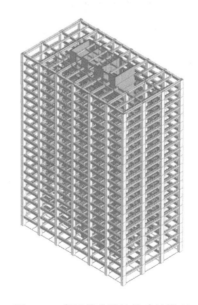

图 7-13　三层框架结构建筑模型　　　图 7-14　高层剪力墙结构建筑模型

7.4　ChatGPT 指导建模

7.4.1　ChatGPT 简介

ChatGPT（Chat Generative Pre-trained Transformer）模型是 OpenAI 研发的智能聊天机器人，其版本有 ChatGPT-3.5（免费版本）和 ChatGPT-4.0（收费版本）。ChatGPT 能够对用户提出的问题给出逻辑上合理的回答，目前已经在编写和调试计算机程序、文字与媒体的相关创作、智能客服、搜索引擎等领域得到了广泛的应用。

为了让读者更加深入体会 ChatGPT 的强大功能，接下来的介绍将会由 ChatGPT 自动生成，本书将会给出提给 ChatGPT 的问题。

Q:
请简要介绍一下你自己，主要包括出生背景、主要功能、对社会的影响三个方面，500 字左右。
A:
我是 ChatGPT，基于 GPT-3.5 架构开发的大型语言模型。我于 2022 年诞生，是 OpenAI 团队的杰作之一。我的出生背景与技术构成了我在语言处理领域的主要功能，深刻影响了社会的多个方面。
从出生背景来看，我是由 OpenAI 团队通过大规模的无监督训练创建的。我接触了海量的文本数据，涵盖了从百科全书、新闻文章、小说到互联网上的各种内容。通过这种方式，我能够理解并生成多种语言形式，包括文字、对话、问题回答等。我的训练使我具备了一定的常识和推理能力，能够对输入的信息做出适当的回应。
至于主要功能，我具备多种语言处理能力。我可以回答问题、提供解释、写作文章、生成创意内容等。我还能够与用户进行对话，进行自然流畅的交流，并尽力满足他们的信息需求。我不仅可以帮助用户获取知识和信息，还能够提供娱乐、教育、辅助决策等方面的支持。我的语言生成能力使得我在自动化写作、客服机器人、语言辅助工具等领域发挥着重要作用。
在对社会的影响方面，我正在逐步改变人们与技术、信息互动的方式。我为用户提供了一种全新的获取信息和交流的方式，可以帮助人们更高效地解决问题、学习知识，甚至为创造性的工作提供灵感。然而，我也引发了一些争议，因为我生成的内容有时可能不准确或带有偏见。这需要用户在使用我的信息时保持批判性思维，不依赖单一信息源。
总之，作为一种强大的语言模型，我在语言处理领域具备广泛的应用前景，对于教育、媒体、技术创新等领域都有着深远的影响。然而，我也需要在技术发展和伦理方面不断演进，以确保我在帮助人们的同时不引发负面影响。

生成上述文字只用了不到 10s，并且具有一定的逻辑性和信服力，可见 ChatGPT 的强大功能。本书可以通过 ChatGPT 辅助进行一些模型的调试和代码编写工作。但是需要特别提醒的是，使用 ChatGPT 进行辅助工作的同时，请注意仔细甄别它给出的回答，并且不要在任何可能涉及学术不端和信息造假的场景使用。

7.4.2　ChatGPT 指导案例

接下来将会以第 7.2.3 节中的悬臂梁模型为对象，使用 ChatGPT 生成 ABAQUS 的 Python 脚本。

Q:
请使用 Python 在 ABAQUS 中建立一个三维悬臂梁模型，使用三维实体部件，梁跨度为 12m，梁高 0.6m，梁宽 0.3m，弹性模量 209e9，泊松比 0.3，上部受大小为 12000N/m^2 的均布荷载（压强），网格尺寸 1.0m，网格类型自定。
代码书写格式请遵循以下标准：1.请依照部件-属性-装配-分析步-载荷与约束-作业这个顺序书写代码。2.请在寻找面、线等步骤时，使用 findAt 函数来寻找。3.请在输入 region 参数时，以元组的形式输入，例如 region = (myPart.cells,)。3.请在书写代码时，变量命名风格遵循 PEP8 标准。
A:
以下是在 ABAQUS 中使用 Python 创建三维悬臂梁模型的代码，按照您提供的书写格式进行编写：

```python
# 导入所需模块
from abaqus import *
from abaqusConstants import *
from part import *
from material import *
from section import *
from assembly import *
from step import *
from load import *
from mesh import *

# 创建模型
myModel = mdb.Model(name='CantileverBeamModel')

# 创建实体部件
myPart = myModel.Part(name='CantileverBeamPart',
                      dimensionality=THREE_D,
                      type=DEFORMABLE_BODY)
mySketch = myPart.ConstrainedSketch(name='BeamProfile', sheetSize=200.0)
mySketch.rectangle(point1=(0.0, 0.0), point2=(0.3, 0.6))
myPart.BaseSolidExtrude(sketch=mySketch, depth=12.0)
```

```
# 创建材料
myMaterial = myModel.Material(name='SteelMaterial')
myMaterial.Elastic(table=((209e9, 0.3),))

# 创建截面
mySection = myModel.HomogeneousSolidSection(
name='BeamSection', material='SteelMaterial', thickness=0.6)

# 分配截面属性
myRegion = (myPart.cells,)
myPart.SectionAssignment(region=myRegion, sectionName='BeamSection')

# 装配
myAssembly = myModel.rootAssembly
myInstance = myAssembly.Instance(name='CantileverBeamInstance',
                      part=myPart, dependent=ON)

# 创建分析步
myStep = myModel.StaticStep(name='LoadStep', previous='Initial')

# 施加均布荷载
pressure = 12000.0  # N/m^2
loadRegion = myPart.faces.findAt(((0.15, 0.3, 6.0),))   # 根据实际情况确定荷载施加的面
myModel.Pressure(name='LoadPressure',
            createStepName='LoadStep',
            region=loadRegion,
            magnitude=pressure)

# 创建网格
elemSize = 1.0  # 网格尺寸
myPart.seedPart(size=elemSize)
myPart.generateMesh()

# 创建作业
myJob = mdb.Job(name='CantileverBeamJob', model='CantileverBeamModel')

# 提交作业
myJob.submit()
myJob.waitForCompletion()
```

　　请注意，上述代码是按照您提供的书写格式编写的，但实际使用时可能需要根据您的模型几何、边界条件等细节进行调整。在使用代码前，请确保您已经安装了 ABAQUS 软件并设置好了 Python 环境。

　　ChatGPT 在极短的时间内就给出了在 ABAQUS 中一个建立悬臂梁的 Python 脚本。但是通过观察发现，由 ChatGPT 给出的脚本存在以下几个错误：

　　（1）漏掉了添加约束的代码。

　　（2）荷载布置的位置不正确。

　　（3）region 的使用不符合脚本规范，应该写作 region = (loadRegion,)，这是一个元组类型的数据。

　　就像 ChatGPT 自己说的，需要"根据您的模型几何、边界条件等细节进行调整。"因此，经过细节调整后的代码如下：

```
# …以上代码均相同

# 找到荷载施加的面
region_load_center = (0.1,0.6,6)
```

```
region_load = myInstance.faces.findAt((region_load_center,))
region_load = myAssembly.Surface(side1Faces=region_load, name = "load_surface")

# 找到约束施加的面
region_fix_center = (0.1,0.6,0)
region_fix = myInstance.faces.findAt((region_fix_center,))
region_fix = myAssembly.Set(faces=region_fix, name = "fix_Set")

# 创建均布荷载
myModel.Pressure(name='Load',
      createStepName='LoadStep',
      region=region_load,
      distributionType=UNIFORM,
      field='', magnitude=12000, amplitude=UNSET)

# 创建固支约束
myModel.EncastreBC(name='FixedSupport',
          createStepName='LoadStep',
          region=region_fix)

# …以下代码均相同
```

将修改后的代码放到 ABAQUS 中运行，得到的应力云图如图 7-15 所示。

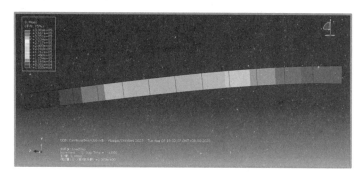

图 7-15　应力云图

《第8章》

智能算法在结构动力计算中的应用

将计算机和软件技术整合到各个专业领域，这极大提高了获取和处理信息的能力，进一步让计算机作为一种工具被广泛应用于几乎所有领域，包括土木工程中的结构动力计算。随着人工智能（AI）的发展，计算机能够像人类一样思考和行动，从而能够理解和解决问题。传统有限元计算方法以计算精度高，适用性广等优点，长期占据主导地位。然而，它也存在计算条件苛刻，计算时间长等限制条件。随着计算机技术的发展，以机器学习、神经网络、深度学习为代表的新一代智能计算方法逐渐被土木工程领域采用。Python 是人工智能领域应用最广的编程语言，可以依赖于 Tensorflow、PyTorch 等第三方库便捷地进行人工智能模型的搭建、训练与预测。

本章将介绍在结构动力计算中常用的智能算法，以及如何使用 Python 语言训练智能算法模型并将其与结构动力计算相结合，并探讨如何利用智能算法优化结构动力计算，提高计算效率、降低计算成本，同时保证计算结果的准确性。

8.1 智能算法模型介绍

8.1.1 机器学习算法

机器学习（Machine Learning，ML）是一种通过模仿人类学习过程来解决问题的方法。它基于经验归纳，通过总结规律来预测未来。根据学习方法，机器学习可划分为监督学习（Supervised Learning）、无监督学习（Unsupervised Learning）、半监督学习（Semi-supervised Learning）和强化学习（Reinforcement Learning）等。

在监督学习中，根据已有的数据集和已知的输入和输出结果之间的关系，训练得到一个最优模型。这意味着在监督学习中，训练数据需要同时包含特征和标签，通过训练使机器能够自己找到特征和标签之间的联系，从而在面对没有标签的数据时可以判断出标签。

近年来，机器学习算法在土木工程领域得到了广泛应用，被用于预测各类钢筋混凝土构件或建筑、桥梁结构的破坏模式或极限能力等研究中。这些研究中使用的机器学习算法绝大多数均属于监督学习类型。因此，本节将介绍几种常见的监督学习算法。

1）支持向量机

支持向量机（Support Vector Machine, SVM）是一种广泛应用于机器学习领域的算法，自 Vapnik 和 Chervonenkis 在 20 世纪 60 年代提出以来，已在很多工作中扩展到多个方向。例如，SVM 算法已成功用于对 Instagram 等超大型存储库中的图像进行分类，同时也被用于分析自然语言文本和 Web 文档（Tong 和 Koller，2001）。

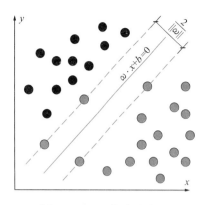

图 8-1　SVM 算法示意图

SVM 是一种二分类模型，其基本思想是求解能够正确划分训练数据集并且具有最大几何间隔的分离超平面。如图 8-1 所示，假设训练集仅包含属于两个类别的样本，并且这些样本是线性可分的。由于线性可分性假设，存在将两个不同类别的样本分开的超平面。然而，这样的超平面是无限多的，但是几何间隔最大的分离超平面是唯一的。SVM 选择最大化该超平面与所有样本之间最小距离的超平面，即几何间隔最大的分离超平面。图 8-1 中 $\omega \cdot x + b = 0$ 即为 SVM 确定的最大超平面。

在土木工程领域，SVM 被用于预测钢柱基础承板破坏模式（Kabir 等，2021）；RC 梁柱节点破坏模式和受剪承载力（Mangalathu 等，2018）；框架结构的最大层间位移角（Sun 等，2019）等工作中。

scikit-learn，又称为 sklearn，是一个开源的基于 Python 语言的机器学习工具包。它通过 NumPy，SciPy 和 Matplotlib 等 Python 数值计算库实现高效的算法应用，并且涵盖了几乎所有主流机器学习算法。因此，对于机器学习初学者来说，深入了解并学习 sklearn 库是非常有必要的。同时，在 Python 中使用这些主流机器学习算法时可以直接调用 sklearn 包，极大地提高了工作效率，skleran 的官方网址为 https://scikit-learn.org/，读者可以通过官方网址进一步学习如何利用 sklearn 包搭建机器学习模型。

以下是使用 sklearn 库在 Python 中搭建支持向量机（SVM）的代码示例：

（1）在命令行中利用 pip 工具安装 sklearn

```
pip install -U scikit-learn
```

（2）在 Python 中利用 sklearn 构建机器学习算法 SVM

```
# 从 sklearn 导入 SVM
from sklearn import svm
model_1 = svm.SVC() # 用于分类问题的 SVM
model_2 = svm.SVR() # 用于回归问题的 SVM
```

在 sklearn 机器学习包中，集成了各种各样的数据集，方便初学者使用。例如，用于分类任务的鸢尾花数据集 "load_iris( )"、用于回归任务的波士顿房价数据集 "load_boston( )"、糖尿病分析数据集 "load_diabetes( )" 等。

鸢尾花数据集内包含 3 类共 150 个样本，每类各 50 个样本，每个样本都有 4 个特征：花萼长度、花萼宽度、花瓣长度、花瓣宽度。通过这 4 个特征，预测鸢尾花属于 iris-setosa、iris-versicolour 和 iris-virginica 中的哪个品种，这是一个典型的监督学习分类问题。波士顿房价数据集包含了 506 个波士顿地区的房屋数据，每个数据都有 13 个特征，如犯罪率、房产税率、房间数量等。通过这些特征来预测房屋价格，属于典型的监督学习中的回归问题。

下面将使用 sklearn 来搭建支持向量机（SVM）模型，并用于鸢尾花分类预测。为了方便读者快速学习搭建机器学习模型并将其应用于实际预测任务，提供的 Python 示例代码如下：

```
from sklearn import datasets
from sklearn import svm
from sklearn.model_selection import train_test_split
```

```
from sklearn.metrics import accuracy_score
from sklearn.metrics import accuracy_score
from sklearn.metrics import precision_score
from sklearn.metrics import recall_score
iris = datasets.load_iris()  # 导入鸢尾花数据集
iris_X = iris.data
iris_y = iris.target
X_train, X_test, y_train, y_test = train_test_split(
    iris_X, iris_y, test_size=0.3, random_state=1)  # 划分训练集和测试集
model = svm.SVC()  # 搭建机器学习算法 svm
model.fit(X_train, y_train)  # 训练 svm
y_pred = model.predict(X_test)  # 预测结果
print("预测准确率: ", accuracy_score(y_test, y_pred))
print("预测查准率: ", precision_score(y_test, y_pred,average='macro'))
print("预测召回率: ", recall_score(y_test, y_pred,average='macro'))


预测结果如下:
预测准确率: 0.9777777777777777
预测查准率: 0.9761904761904763
预测召回率: 0.9814814814814815
```

利用 SVM 对鸢尾花进行分类预测，预测准确率、查准率和召回率分别为 0.978，0.976 和 0.981。根据预测混淆矩阵（图 8-2），在测试集 45 个样本中，SVM 正确分类了 44 个样本，错误分类了 1 个样本。

2）随机森林

随机森林（Random Forest, RF）是一种监督式机器学习算法，采用集成学习策略（Ensemble Learning），如图 8-3 所示。它通过将多个学习器组合起来实现预测效果更好的集成学习器。集成学习策略目前主要有 Bagging、Boosting 以及 Stacking 三类，随机森林属于典型的 Bagging 类型机器学习算法，利用 bootstrap 方法从整体数据集中采取有放回抽样得到N个数据集，在每个数据集上学习出一个模型，最后的预测结果利用N个模型的输出得到。

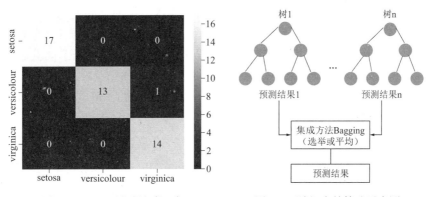

图 8-2　SVM 预测混淆矩阵　　　　图 8-3　随机森林算法示意图

在土木工程领域，随机森林被用于预测框架结构的最大层间位移角和破坏模式（Hwang 等，2021）；纤维复合柱体屈曲承载力（Kaveh 等，2021）；钢筋混凝土梁受剪承载力（Feng 等，2021）等工作中。

以下是使用 sklearn 库在 Python 中搭建随机森林的代码示例：

```
# 从 sklearn 导入随机森林
from sklearn.ensemble import RandomForestClassifier # 用于分类问题的随机森林
from sklearn.ensemble import RandomForestRegressor # 用于回归问题的随机森林
```

```
model_1 = RandomForestClassifier() # 随机森林分类
model_2 = RandomForestRegressor() # 随机森林回归
```

下面将使用 sklearn 来搭建支持随机森林模型，并用于鸢尾花分类预测，以下为 Python 示例代码：

```
from sklearn import datasets
from sklearn.ensemble import RandomForestClassifier
from sklearn.model_selection import train_test_split
from sklearn.metrics import accuracy_score
from sklearn.metrics import precision_score
from sklearn.metrics import recall_score
iris = datasets.load_iris()  # 导入鸢尾花数据集
iris_X = iris.data
iris_y = iris.target
X_train, X_test, y_train, y_test = train_test_split(
    iris_X, iris_y, test_size=0.3, random_state=1)  # 划分训练集和测试集
model = RandomForestClassifier()  # 搭建机器学习算法随机森林
model.fit(X_train, y_train)  # 训练随机森林
y_pred = model.predict(X_test)  # 预测结果
print("准确率: ", accuracy_score(y_test, y_pred))
print("查准率: ", precision_score(y_test, y_pred, average='macro'))
print("召回率: ", recall_score(y_test, y_pred, average='macro'))
预测结果如下:
预测准确率: 0.9555555555555556
预测查准率: 0.9558404558404558
预测召回率: 0.9558404558404558
```

利用随机森林对鸢尾花进行分类预测，预测准确率、查准率和召回率分别为 0.956，0.956 和 0.956，根据预测混淆矩阵（图 8-4），在测试集 45 个样本中，SVM 正确分类了 43 个样本，错误分类了 2 个样本。

3）XGBoost

XGBoost（eXtremeGradient Boosting）是一种基于梯度树增强框架的高效算法，由陈天奇博士于 2016 年提出，如图 8-5 所示。与随机森林一样，XGBoost 采用了集成学习策略。它采用 Boosting 集成学习策略，通过迭代逐步降低误差，最终得到一个偏差较小的模型。在每一次迭代中，XGBoost 根据上一次迭代的预测结果对样本进行加权，以便更好地拟合数据。随着迭代的进行，误差会逐渐减小，最终得到一个预测精度较高的模型。因此，XGBoost 在很多实际问题中都表现出优秀的性能。

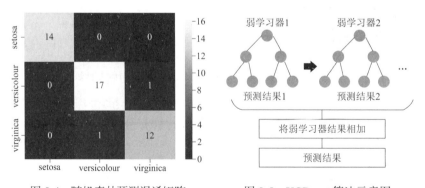

图 8-4　随机森林预测混淆矩阵　　　图 8-5　XGBoost 算法示意图

XGBoost 的梯度提升框架提供了并行树增强，可以快速解决许多数据科学问题，

因此它一直是机器学习比赛中许多获胜团队的首选算法。读者可在 XGBoost 官方网站 https://xgboost.ai/进一步学习 XGBoost 算法的原理及在 Python 中的实现方法。

在土木工程领域，XGBoost 被用来预测超高性能混凝土抗压强度（Nguyen 等，2023），输电线路脱冰后跳跃高度（Long 等，2023）等工作中。

以下为构建机器学习算法 XGBoost 的步骤。

（1）在命令行中利用 pip 工具安装 XGBoost

```
pip install -U xgboost
```

（2）在 Python 中构建机器学习算法 XGBoost

```
import xgboost as xgb
model_1 = xgb.XGBRegressor() # 用于回归问题的 XGBoost
model_2 = xgb.XGBClassifier() # 用于分类问题的 XGBoost
```

以下为使用机器学习算法 XGBoost 用于波士顿房价回归预测的 Python 示例代码：

```
from sklearn import datasets
import xgboost as xgb
from sklearn.model_selection import train_test_split
from sklearn.metrics import mean_squared_error
from sklearn.metrics import mean_absolute_error
from sklearn.metrics import r2_score
import numpy as np
import pandas as pd
dataset=pd.read_csv("boston_housing_data.csv")
dataset=dataset.dropna()
data = dataset.iloc[:, 0:13]
target = dataset.iloc[:, 13]
X_train, X_test, y_train, y_test = train_test_split(
    data, target, test_size=0.3, random_state=3)  # 划分训练集和测试集
model = xgb.XGBRegressor()  # 搭建机器学习算法 svm
model.fit(X_train, y_train)  # 训练 svm
y_pred = model.predict(X_test)  # 预测结果
print("平均绝对误差: ", mean_absolute_error(y_test, y_pred))
print("均方误差: ", mean_squared_error(y_test, y_pred))
print("决定系数: ", r2_score(y_test, y_pred))
results=np.stack([y_test, y_pred])
np.savetxt('pred_results.csv',results,delimiter=',')
结果:
平均绝对误差:  2.366210694874034
均方误差:  12.504640426109303
决定系数:  0.8469300133046567
```

图 8-6 展示了利用 XGBoost 对波士顿地区房价进行回归预测的结果，其中，Fit curve 和 Sample points 分别表示回归曲线和样本点。纵坐标和横坐标分别表示房价的预测值和实际值。可以看出，XGBoost 在该数据集上表现良好，测试集的 MSE、MAE 和 R^2 分别为 2.366、12.505 和 0.847。

8.1.2　神经网络

（1）人工神经网络

人工神经网络（Artificial Neural Network，ANN）是一种模拟生物体神经细胞运作原理的模型，由具有层次关系和连接关系的人工神经元组成网络结构。它通过数学表达的方式

模拟神经元之间的信号传递，从而建立了一个具有输入与输出关系。这种模型广泛应用于回归和分类等问题中，能够处理复杂的模式识别和预测任务。

如图 8-7 所示，人工神经网络（ANN）由输入层、隐藏层和输出层组成，其中的神经元（节点）相互连接。在土木工程领域中，ANN 被用作预测 RC 梁和柱在极端条件下的力学性能（Naser 等，2019）；纤维增强混凝土开裂后抗拉强度（Ikumi 等，2021）；RC 框架剪力墙结构最大层间位移角（Morfidis 等，2017）等工作中。

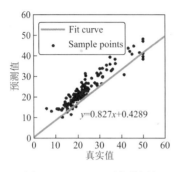

图 8-6　XGboost 预测结果

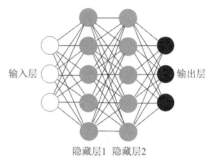

图 8-7　ANN 算法示意图

以下是使用 sklearn 库在 Python 中搭建人工神经网络（ANN）的代码示例：

```
# 从 sklearn 导入 ANN
from sklearn.neural_network import MLPClassifier # 用于分类问题的 ANN
from sklearn.neural_network import MLPRegressor # 用于回归问题的 ANN
model_1 = MLPClassifier() # ANN 分类
model_2 = MLPRegressor() # ANN 回归
```

以下为通过 sklearn 搭建人工神经网络 ANN 并用于波士顿房价回归预测数据集的 Python 示例代码：

```
from sklearn import datasets
from sklearn.neural_network import MLPRegressor
from sklearn.model_selection import train_test_split
from sklearn.metrics import mean_squared_error
from sklearn.metrics import mean_absolute_error
from sklearn.metrics import r2_score
import numpy as np
import pandas as pd
dataset=pd.read_csv("boston_housing_data.csv")
dataset=dataset.dropna()
data = dataset.iloc[:, 0:13]
target = dataset.iloc[:, 13]
X_train, X_test, y_train, y_test = train_test_split(
    data, target, test_size=0.3, random_state=3)  # 划分训练集和测试集
model = MLPRegressor(max_iter=5000)  # 搭建 ann
model.fit(X_train, y_train)  # 训练 ann
y_pred = model.predict(X_test)  # 预测结果
print("平均绝对误差: ", mean_absolute_error(y_test, y_pred))
print("均方误差: ", mean_squared_error(y_test, y_pred))
print("决定系数: ", r2_score(y_test, y_pred))
results=np.stack([y_test, y_pred])
np.savetxt('pred_results.csv',results,delimiter=',')
结果:
平均绝对误差: 3.1527192148999315
```

```
均方误差:  24.139086882004992
决定系数:  0.7045121185451075
```

图 8-8 为利用 ANN 对波士顿地区房价进行回归预测结果,可看出 ANN 的预测效果不如 XGBoost,测试集MSE、MAE和R^2分别为 2.366,12.505 和 0.847。

8.1.3　深度学习算法

人工神经网络 ANN 是深度学习的基础,它是受到人类大脑结构启发而诞生的一种算法,深度学习是基于神经网络算法发展而诞生的。近年来,随着深度学习的火热和深入人心,人们渐渐将这一概念独立出来,由此有了深度学习和传统机器学习的区分,深度学习的概念由 Hinton 等人于 2006 年提出。在土木工程领域,深度学习的应用越来越广泛。本节将介绍在土木工程领域有广泛应用的深度学习算法,包括卷积神经网络 CNN 和长短期记忆神经网络 LSTM,以及近期在各大自然语言处理任务中表现优秀的 Transformer 模型。

（1）卷积神经网络

卷积神经网络（Convolutional Neural Network,CNN）是一个深度神经网络,最初是为图像分析而设计的,如图 8-9 所示。最近,人们发现 CNN 在自然语言处理等数据分析方面也具有出色的能力。CNN 包含两个基本操作,即卷积和池化。卷积操作能够从数据集中提取特征（特征图）,通过这些数据可以保留其相应的空间信息,池化操作用于从卷积操作中降低特征图的维度。通过卷积和池化层得出的特征,在全连接层对这些总结好的特征做分类。

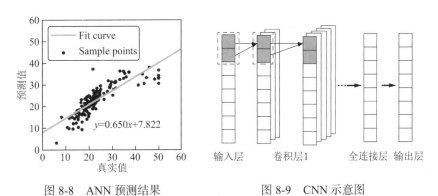

图 8-8　ANN 预测结果　　　　图 8-9　CNN 示意图

近年来,在土木工程领域,CNN 被用作预测结构地震响应曲线（Zhang 等,2019）,地铁车站结构地震响应（Huang 等,2021）,框架剪力墙结构层间位移角（古效朋等,2023）等研究中。在 Pytorch 的 nn 模块中,封装了 nn.Conv2d( )类作为二维卷积的实现,以下为在 Python 中基于 Pytorch 框架搭建 CNN 的示例型代码。

```python
# 导入相关包
import torch
import torch.nn as nn
# 搭建 CNN 模型
class CNN(nn.Module):
    def __init__(self):
        super(CNN,self).__init__()
```

```
        self.conv1 = nn.Sequential(
            nn.Conv2d(in_channels=1,
                      out_channels=6,
                      kernel_size=3,
                      stride=1,
                      padding=1),
            nn.ReLU(),
            nn.MaxPool2d(kernel_size=2)
        )
        self.conv2 = nn.Sequential(
            nn.Conv2d(in_channels=6,
                      out_channels=18,
                      kernel_size=3,
                      stride=1,
                      padding=1),
            nn.ReLU(),
            nn.MaxPool2d(kernel_size=2)
        )
        self.output = nn.Linear(18*7*7,10)
    def forward(self, x):
        out = self.conv1(x)
        out = self.conv2(out)
        out = out.view(out.size(0),-1)
        out = self.output(out)
        return out
```

（2）长短期记忆神经网络

长短期记忆神经网络（Long Short Term Memory，LSTM）是一种时间循环神经网络，在 1997 年由 Sepp Hochreiter 和 Jürgen Schmidhuber 等人提出，是为了解决一般的 RNN（循环神经网络）存在的长期依赖问题而设计出来的，所有递归神经网络都具有神经网络的链式重复模块。在标准的 RNN 中，这个重复模块具有非常简单的结构，例如只有单个 tanh 层，这种简单的 RNN 结构在训练时很容易出现梯度消失和梯度爆炸问题。LSTM 也具有这种类似的链式结构，但重复模块具有不同的结构，如图 8-10 所示。通过"门"的精细结构向细胞状态添加或移除信息，LSTM 中的三个门分别为遗忘门、记忆门、输出门，"门"可以选择性地以让信息通过。

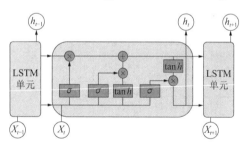

图 8-10　LSTM 示意图

在土木工程领域，LSTM 被用作预测 Perzyna 黏塑性本构模型（Ghavamian 等，2019）；混凝土徐变演化（王浩等，2020）；高强度钢塑性本构模型（冯怡爽等，2021）等研究中。在 Pytorch 的 nn 模块中，封装了 nn.LSTM( )类作为长短期记忆神经网络的实现，以下为在 Python 中基于 Pytorch 框架搭建 LSTM 的示例型代码。

```
# 导入相关包
import torch
import torch.nn as nn
# 搭建 LSTM 模型
class LSTM(nn.Module):
    def __init__(self):
        super(LSTM, self).__init__()
```

```
    self.lstm = nn.LSTM(
        input_size=1,
        hidden_size=256,
        num_layers=2,
        batch_first=True
    )
    self.linear = nn.Linear(256, 1)
    self.activation= nn.ReLU()
def forward(self, x):
    x, (ht, ct) = self.lstm(x)
    x = self.linear(x)
    x = self.activation(x)
    x = x.view(x.size(0), -1)
    return x
```

（3）Transformer

2017 年，Google 发布的《Attention Is All You Need》论文提出了 Transformer 架构，这成为过去十年神经网络领域最具影响力的技术创新之一，并被广泛应用于 NLP、计算机视觉、机器翻译等诸多领域。RNN、LSTM 和 GRU 网络已在序列模型、语言建模、机器翻译等应用中取得了不错的效果。但是，RNN 固有的顺序属性阻碍了训练样本间的并行化，对于长序列，内存限制将成为对训练样本的批量处理的阻碍。

Transformer 依赖于注意力机制处理序列数据（图 8-11），从而摒弃了 RNN 或 CNN 结构。近年来，Transformer 成为了包括 ChatGPT、华为云盘古气象 AI 模型等诸多大模型的基石。

由于 Transformer 模型代码较多，为了节省文章篇幅，基于 Pytorch 框架搭建的 Transformer 模型示例型代码放置在 Github 仓库中。读者可通过网址 https://arxiv.org/abs/1706.03762（Attention Is All You Need）下载原始论文并进一步学习 Transformer 模型。

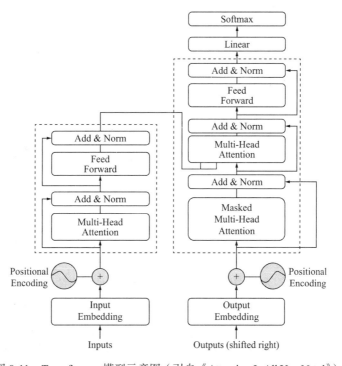

图 8-11　Transformer 模型示意图（引自《Attention Is All You Need》）

8.2 智能算法计算流程图

智能算法（包括机器学习、神经网络和深度学习）实际上是一门数据科学，涵盖了概率论，统计学，近似理论和算法知识。这些算法使用计算机作为工具，致力于真实且实时地模拟人类学习方式。同时，智能算法也是一项流程性很强的工作。

机器学习主要涵盖了以下步骤：数据收集和处理、特征工程、数据集划分、算法选择、参数调优和模型评估。而在神经网络和深度学习中，智能算法能够自动将输入的低阶特征经过组合、变换得到高阶特征，其余步骤则与机器学习相似，如图 8-12 所示。接下来，我们将以机器学习为例，介绍利用机器学习开展结构动力计算一般流程的主要步骤。

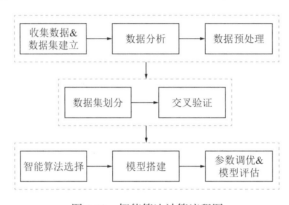

图 8-12　智能算法计算流程图

8.2.1　收集数据和数据集建立

由于智能算法实际上是一门数据科学，因此数据集是构建智能算法模型历程中的起点。对于结构动力计算，数据可以来自监测传感器、试验或数值模拟等。

在监督学习中，数据集本质上是一个 $M \times N$ 矩阵，其中 M 代表列（特征），N 代表行（样本）。M 列可以分解为 X 和 Y，X 可称为"输入变量"，Y 可称为"输出变量"。如果 Y 包含定量值，那么数据集（由 X 和 Y 组成）可以用于回归任务，例如，在预测框架结构的最大层间位移角任务中，Y 为结构的最大层间位移角，是定量值；而如果 Y 包含定性值，那么数据集（由 X 和 Y 组成）可以用于分类任务，例如，在预测框架结构的破坏程度任务中，Y 为"轻微破坏""严重破坏"等定性值。

8.2.2　数据分析

数据分析是为了获得对数据的初步了解。在机器学习/深度学习之前，充分了解数据集是非常必要的，常见的做法包括：

（1）描述性统计：使用几个关键数据来描述整体数据集的情况，了解数据的集中趋势、分散程度以及频数分布等，常用的描述性统计指标有：平均数、中位数、众数、方差、标准差、极差等。

（2）数据可视化：借助图形化手段，进一步了解数据集。例如，可通过热力图来辨别特征内部相关性，利用箱形图可视化群体差异，利用主成分分析可视化数据集中呈现的聚类分布等。

8.2.3　数据预处理

数据预处理是机器学习中至关重要的一环，通过对数据进行检查和审查，纠正缺失值、拼写错误，使数值正常化/标准化。

在土木工程领域，传感器监测数据可能包含大量缺失值、噪声或人工录入错误导致的异常点，这些都会对算法模型的训练和预测产生不良影响。因此，数据预处理是非常必要的。数据预处理包括数据清洗、数据标准化等内容。

数据清理是数据预处理的重要组成部分，它的目的是通过填补缺失值、光滑噪声数据、平滑或删除离群点，并解决数据的不一致性来"清理"数据。对于数据中存在的重复值、缺失值和异常值，可以通过以下方式处理：

（1）重复值处理

Python 中可通过 Pandas 库中的 duplicated( ) 函数查找并显示数据表中的重复值，该函数返回一个布尔型数据，指示哪些行的数据是重复的。然后可通过 drop_duplicates( )函数删除数据表中的重复值。drop_duplicates( )是 Pandas 库中的一个函数，用于去除 DataFrame 中的重复行。该函数返回一个新的 DataFrame 数据框，其中删除了重复的行，只保留了第一次出现的行。

```
import pandas as pd
data = {'name': ['Ana', 'Bob', 'Tom', 'Ana', 'David'],
        'age': [25, 30, 35, 25, 40]}
df = pd.DataFrame(data)
# 使用 duplicated()函数查找重复值
duplicates = df.duplicated()
# 打印重复值的位置
print(duplicates)
drop_duplicates = df.drop_duplicates()
# 打印新的数据框
print(drop_duplicates)
```

（2）缺失值处理

Python 中可通过 Pandas 库中的 fillna( )函数填充缺失值（NaN），该函数会用指定的值填充数据框中的 NaN。填充值可为 0、均值或众数等，也可将缺失值样本（单行数据）或缺失值处属性（列数据）通过 dropna( )函数删除。

```
import pandas as pd
import numpy as np
df = pd.DataFrame({'A': [1, 2, np.nan, 4], 'B': [5, np.nan, np.nan, 1], 'C': [1, 2, 3,
2]})
print("填充整个数据框")
new_df1 = df.fillna(value=0)
print(new_df1)
new_df2 = df.fillna(method='ffill')   # 使用前一个值填充
print("使用前一个值填充")
print(new_df2)
new_df3 = df.fillna(method='bfill')   # 使用后一个值填充
print("使用后一个值填充")
print(new_df3)
```

（3）异常值处理

对于异常值数据，可通过异常值样本（单行数据）或异常值处属性（列数据）使用 dropna( )函数删除，此外也可对异常值数据重写，重写值可为 0、均值或众数等，根据具体问题具体分析。以下是 dropna( )的一些常见用法：

```python
import pandas as pd
import numpy as np
df = pd.DataFrame({'A': [1, 2, np.nan], 'B': [5, np.nan, np.nan], 'C': [1, 2, 3]})
new_df1 = df.dropna(axis=1)   # 删除列
print("删除存在 NaN 值的列")
print(new_df1)
new_df2 = df.dropna(axis=0)   # 删除行
print("删除存在 NaN 值的行")
print(new_df2)
new_df3 = df.dropna(thresh=2)   # 删除含有少于 2 个非 NaN 值的行
print("删除含有少于 2 个非 NaN 值的行")
print(new_df3)
```

在机器学习算法实践中，不同特征往往具有不同的量纲和单位，这样的情况会影响到数据分析的结果，为了消除不同指标量纲的影响，需要进行数据标准化处理。标准化处理可以加快支持向量机、神经网络等算法的求解速度。此外，在距离类模型，例如 K 近邻、K-Means 聚类中，标准化可以提升模型精度，避免某一个取值范围特别大的特征对距离计算造成影响。在机器学习中，常用的标准化方法有最大最小标准化、Z-score 标准化等。

8.2.4 数据集划分和交叉验证

在机器学习中，我们通常将原始数据集划分为三个部分，使用训练集来生成模型，使用验证集来选择模型，最后用测试集来测试模型的正确率和误差，以验证模型的有效性。数据集的划分一般有两种方法：

（1）留出法（Hold-out）

如果数据比较少，可只划分训练集和测试集，一般比例为 7∶3 或 8∶2；若划分训练集、验证集和测试集，一般比例为 6∶2∶2 或 7∶1.5∶1.5。如果数据比较多，只需要取一小部分作为测试集和验证集，其他的都当作训练集。

（2）交叉验证法

交叉验证将数据随机分为训练集和测试集，然后训练集被进一步细分为多个不相交的子集，将这些子集的总数称为折数。训练集在实际训练的过程中，会被再分为训练子集和验证子集，用训练子集的数据先训练模型，然后用验证子集验证，最终得到验证集整体的损失函数、分类准确率等参数。

交叉验证法可以避免固定划分数据集的局限性、特殊性，这个优势在小规模数据集上更为明显。因此，在小样本数据集中，数据集划分策略建议采用交叉验证法。

以下是使用 Python 的 scikit-learn 库进行数据集划分和交叉验证的示例代码：

```python
from sklearn.model_selection import train_test_split, cross_val_score
from sklearn.datasets import load_iris
from sklearn.linear_model import LogisticRegression
# 加载数据集
iris = load_iris()
```

```
X = iris.data
y = iris.target
# 划分数据集为训练集和测试集
X_train, X_test, y_train, y_test = train_test_split(X, y, test_size=0.3,
random_state=7)
# 定义模型
model = LogisticRegression()
# 进行交叉验证
cv_scores = cross_val_score(model, X_train, y_train, cv=10)
# 输出交叉验证的平均得分
print("交叉验证平均得分: ", cv_scores.mean())
```

8.2.5　算法选择和搭建模型

机器学习算法众多，在决定使用哪种算法时，首先要根据任务类型选择监督学习或无监督学习算法、分类或回归算法等。此外，必须考虑数据的类型和种类。一些算法只需要少量样本，另一些则需要大量样本，而某些算法只能处理特定类型的数据，表 8-1 总结了部分在结构动力计算领域常用的机器学习算法。

正如第 8.1 节中在预测波士顿地区房价时，XGBoost 算法的表现优于 ANN，不同算法在面对不同预测任务时表现不同，因此需要读者在实践中选择或搭建适合学习任务的算法。常见的机器学习算法在 sklearn 官网均有详细介绍并配有示例，读者可参考 sklearn 官网进一步学习。

常用机器学习算法总结　　　　　　　　　　　　　　　　　　表 8-1

算法名称	优点	缺点	使用场景
k-近邻算法	简单、易于理解	对高维数据性能较差，需要设置k值	分类、回归问题
决策树	可解释性强	容易过拟合，对噪声敏感	分类、回归问题
集成方法	提高模型性能	资源耗费大，可能产生过拟合	分类、回归问题
支持向量机	在高维空间中表现良好，能够处理非线性问题	对大规模数据集效率较低	二分类问题、小规模数据集
神经网络	能够处理复杂模式，可以学习抽象特征	训练时间长，容易过拟合	分类、回归问题
贝叶斯网络	能够处理不确定信息，概率性表达	构建网络结构复杂，需要大量数据	分类、回归问题

8.2.6　超参数优化和模型评估

超参数是在开始机器学习之前，根据人工设置或者通过优化算法搜索得到的参数。例如在支持向量机中，超参数包括惩罚系数 C、"kernel"、核函数系数 gamma 等。超参数优化旨在寻找使得机器学习算法在验证数据集上表现性能最佳的超参数，合适的超参数设置可以显著提升模型的性能。常用的超参数优化方法包括随机搜索和网格搜索。

（1）网格搜索

网格搜索是一种穷举搜索方法，它通过遍历所有可能组合的超参数组合来寻找最优超参数。这种方法计算量较大，当超参数的数量较多时，搜索空间会急剧增大，导致搜索效率低下。

（2）随机搜索

随机搜索是一种随机化的搜索方法，它通过随机采样超参数的组合来寻找最优超参数。与网格搜索相比，随机搜索不会遍历所有可能的超参数组合，而是在超参数空间中随机抽取一定数量的组合进行评估，缺点是可能会错过最优超参数组合。

在机器学习建模过程中，针对不同的问题，需采用不同的模型评估指标，主要分为两大类：分类、回归。

对于分类问题，混淆矩阵是机器学习中分类模型预测结果的可视化评价方法之一，以矩阵形式将数据集中的记录按照真实的类别与分类模型预测的类别判断两个标准进行汇总。其中矩阵的行表示真实值，矩阵的列表示预测值，下面我们先以二分类为例，混淆矩阵如图 8-13 所示。

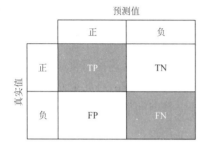

图 8-13　二分类混淆矩阵示意图

在图 8-13 中，各符号的含义如下：TP（True Positive），将正类预测为正类数，真实为 0，预测也为 0；FN（False Negative），将正类预测为负类数，真实为 0，预测为 1；FP（False Positive），将负类预测为正类数，真实为 1，预测为 0；TN（True Negative），将负类预测为负类数，真实为 1，预测也为 1。

分类问题中常用的评估指标如表 8-2 所示。

分类问题评估指标　　　　　　　　　　　　　　　　　表 8-2

指标	计算式	含义
准确率（Accuracy）	(TP + TN)/(TP + FN + FP + TN)	正确预测的正反例数/总数
错误率（Error rate）	(FP + FN)/(TP + FN + FP + TN)	错误预测的正反例数/总数
精确率（Precision）	TP/(TP + FP)	正确预测的正例数/预测正例总数
召回率（Recall）	TP/(TP + FN)	正确预测的正例数/实际正例总数
F_1 score	$2/F_1 = 1/\text{Precision} + 1/\text{Recall}$	F_1值是精确率和召回率的调和值

对于回归问题，常用的评估指标包括：平均绝对误差MAE（Mean Absolute Error）、均方误差MSE（Mean Squared Error）、均方根误差RMSE（Root Mean Squared Error）和决定系数R^2。各评估指标的定义如表 8-3 所示。

分类问题评估指标定义　　　　　　　　　　　　　　表 8-3

评估指标	计算式
平均绝对误差（MAE）	$\text{MAE}(y, \hat{y}) = \dfrac{1}{N_{\text{samples}}} \sum\limits_{i=0}^{N_{\text{samples}}-1} \|y_i - \hat{y}_i\|$
均方误差（MSE）	$\text{MSE}(y, \hat{y}) = \dfrac{1}{N_{\text{samples}}} \sum\limits_{i=0}^{N_{\text{samples}}-1} (y_i - \hat{y}_i)^2$
均方根误差（RMSE）	$\text{RMSE}(y, \hat{y}) = \sqrt{\dfrac{1}{N_{\text{samples}}} \sum\limits_{i=0}^{N_{\text{samples}}-1} (y_i - \hat{y}_i)^2}$
决定系数（R^2）	$R^2(y, \hat{y}) = 1 - \sum\limits_{i=0}^{N_{\text{samples}}-1} (y_i - \hat{y}_i)^2 / \sum\limits_{i=0}^{N_{\text{samples}}-1} (y_i - \overline{y})^2$

其中，N_{samples}表示训练集或预测集总样本数，y_i和$\overline{y}_i$分别表示每个样本的实际值与预测值，$\overline{y}$表示总样本的均值。

在前面的内容中，我们介绍了在土木工程领域常见的智能算法，这些算法凭借其强大的自学习和自适应能力，在诸多领域都有着广泛的应用，而后给出了利用智能算法开展结构动力计算相关研究的计算流程图及具体步骤。接下来，我们将关注这些算法在结构动力计算中的应用，通过介绍三个具体的示例，让您更深入地了解这些算法在结构动力计算中的实际运用。

第一个示例为基于机器学习的输电线路脱冰跳跃高度预测方法。该方法将利用输电线路结构、环境荷载等数据和机器学习算法，对输电线路在脱冰后的跳跃高度进行预测，以实现更精准的线路维护和管理。

第二个示例将介绍基于 CNN 的框架剪力墙结构层间位移角预测方法。该方法将利用深度学习算法，对框架剪力墙结构在地震作用下的层间位移角进行预测，以实现更精准的结构设计和安全评估。

第三个示例将探讨基于深度学习的桥梁结构地震响应预测方法。该方法将利用深度学习算法，对桥梁结构在地震作用下的响应进行预测，可用于桥梁结构安全性评估、桥梁韧性评价和健康监测等领域。

8.3　基于机器学习的输电线路脱冰跳跃高度预测

8.3.1　研究背景及意义

许多输电线路建设在海拔高、气温低等气象条件恶劣地区，这会导致输电线路上积聚覆冰。在特定的气象条件或人工除冰作用下，导线上的冰脱落会引起导线跳跃，若导线之间距离小于最小绝缘间隙，会导致导线闪络、缠绕或碰撞引起跳闸或断线事故。

许多研究从实验和数值模拟两个方面开展输电线路脱冰后的跳跃高度研究，并提出了适合工程应用的输电线路跳跃高度估计公式。这些经验公式虽然使用简单，方便，但是其泛化性能差，误差大。此外，利用经验公式进行估计需要已知脱冰后的弧垂，导致其预测性和实用性差。机器学习方法可以弥补经验公式的缺点，通过其强大的拟合和学习能力，对输电线路脱冰后跳跃高度做出预测。

8.3.2　收集数据和数据集建立

输电线路跨度大，由于场地和成本限制，利用试验方法进行案例研究收集数据较为困难。数值模拟方法可以作为代替试验进行案例研究的有效方法。基于 ANSYS 的 APDL 命令流建立五跨连续档输电线路作为研究对象，如图 8-14 所示，各跨档距为 500m，高差为 0m，分裂数为 4，覆冰/脱冰模式为全跨均匀覆冰/脱冰，模型的细节在这里不做详细阐述。通过参数研究获得 1500 条数据并生成数据集（以下称为"脱冰数据集"）。其中，数据集的输入变量包括输电线路参数：导线型号、档距、导线初应力、高差、绝缘子串类型、长度和夹角；环境荷载参数：覆冰厚度和脱冰率。输出变量为中间跨脱冰后最大跳跃高度。

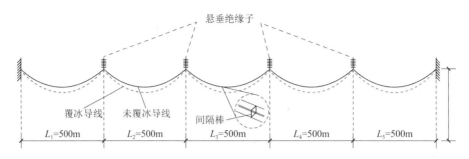

图 8-14　五跨连续档输电线路示意图

8.3.3　数据分析

为了充分了解数据集并获得对其的认识，进行数据分析是必要的。8.2.2 节提到常见的分析方法有描述性统计和数据可视化。通过描述性统计，可以了解数据集的基本分布情况。表 8-4 展示了脱冰数据集的描述性统计结果，包括最大值、最小值、平均值和方差四个指标。

输入/输出变量统计　　　　　　　　　　　　　　表 8-4

参数	单位	数据类型	最小值	最大值	方差	平均值
导线型号	—	CF	—	—	—	—
档距	m	NF	400	650	80.77	522.01
高差	m	NF	0	50	18.34	8.01
绝缘子长度	m	NF	7.23	15.67	2.08	8.93
绝缘子串型	—	CF	—	—	—	—
绝缘子串夹角	°	NF	0	90	30.55	18.61
初应力	MPa	NF	28.46	40.42	4.06	36.79
冰厚	m	NF	0.02	0.3	0.070	0.21
脱冰率	%	NF	0.7	1.0	0.06	0.82
最大跳跃高度	m	NF	1.34	52.22	9.50	22.87

在表 8-4 中，数据类型分为类别特征（CF，Category Feature）和数值特征（NF，Numerical Feature）。类别特征包括导线型号（LGJ-400/20、LGJ-500/45 等）和绝缘子串型（Ⅰ串、Ⅱ串和 V 串）。这些数据无法直接在机器学习模型中进行训练，因此需要对类别特征进行编码处理。编码方法将在 8.3.4 节中介绍。

相关性矩阵热力图是一种用于展示数据之间相关性的热力图。在图中，任意两个特征 x 和 y 的皮尔逊相关系数 $\rho_{x,y}$ 被定义为下式：

$$\rho_{x,y} = \frac{\text{Cov}(x,y)}{\sigma_x \sigma_y} \tag{8-1}$$

式中，$\text{Cov}(x,y)$ 表示特征 x 和 y 的协方差；σ_x 和 σ_y 分别表示特征 x 和 y 的方差。

图 8-15 展示了 9 个输入变量的相关性矩阵热力图。在图中，数据点在矩阵中的位置表示其相关性的大小，颜色表示相关性的方向，较深的颜色表示较强的相关性。具体地，导

线型号和档距，绝缘子串类型和夹角线形相关性较强，分别为 0.77，0.83。

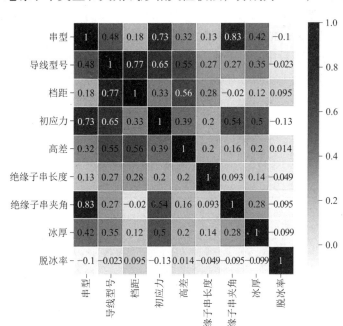

图 8-15　输入变量相关性热力图

下列代码为使用 Python 中的 matplotlib 库来绘制相关性矩阵热力图：

```
import numpy as np
import seaborn as sns
import pandas as pd
from sklearn.preprocessing import LabelEncoder
import matplotlib.pyplot as plt
from pylab import mpl
def read_data(path):
    dataset = pd.read_csv(path, encoding='utf-8')
    data = dataset.iloc[:, 0:9]
    return data
path = "data.csv"
data = read_data(path)
labelencoder = LabelEncoder()
data.iloc[:, 0] = labelencoder.fit_transform(data.iloc[:, 0])
corr=data.corr()
mpl.rcParams['font.sans-serif'] = ['SimHei']
mpl.rcParams['axes.unicode_minus'] = False
f, ax = plt.subplots(figsize=(10,8))
ax = sns.heatmap(corr, cmap="YlGnBu", annot=True, linewidths=.5)
plt.show()
```

8.3.4　数据预处理

脱冰数据集中存在两个符号类型的输入变量，分别是导线型号和绝缘子串类型。由于机器学习无法直接处理符号类型的数据，因此需要对这两个输入变量进行适当的编码处理。

在机器学习中，常见的编码方法有标签编码（Label Encoding）、序列编码（Ordinal Encoding）、独热编码（One-Hot Encoding）、频数编码（Count Encoding）、目标编码（Target

Encoding）等，依据任务类型选择合适的编码方法。在这里我们通过独热编码的方法处理导线型号和绝缘子串类型两个输入变量，在 Python 中，我们可以用 get_dummies 函数对类别特征进行独热编码，get_dummies 函数会将一个分类变量转换为一个由二进制列组成的矩阵，每个列对应分类变量中的一个唯一值。如果原始数据中的某一行包含该值的标签，则相应的二进制列的值为 1，否则为 0。

例如，假设有一个分类变量包含"A""B"和"C"三个值，使用 get_dummies 函数将其转换为独热编码形式：

```python
import pandas as pd
df = pd.DataFrame({'Category': ['A', 'B', 'A', 'C', 'B', 'C']})
df_dummies = pd.get_dummies(df['Category'])
print(df_dummies)
```

输出结果：

```
   A  B  C
0  1  0  0
1  0  1  0
2  1  0  0
3  0  0  1
4  0  1  0
5  0  0  1
```

经过编码处理后，导线型号和绝缘子串类型两个输入变量分别生成了 1950×4 和 1950×3 的矩阵。为了加速预测模型的训练收敛速度，我们使用 Scikit-learn 库的 MinMaxScaler 对数值特征进行最大最小归一化处理。具体处理方式如下式：

$$x' = \frac{x - \min(x)}{\max(x) - \min(x)} \tag{8-2}$$

其中，x是原始特征矩阵，$\min(x)$和$\max(x)$分别是该变量中的最小值和最大值。通过该方法可以将变量值缩放到 0 到 1 之间，使得模型更容易收敛并提高训练速度。

8.3.5　数据集划分和交叉验证

利用留出法随机将脱冰数据集划分为 70%训练集和 30%测试集。图 8-16 展示了划分得到的训练集和测试集输出变量跳跃高度的统计直方图，两者的分布基本一致，这表明训练集和测试集的划分是合理的。接下来，我们将训练集进一步分成 10 个子集，进行 10 折交叉验证。在每次验证中，我们使用 9 个子集作为训练集，剩下的一个子集作为验证集。这种交叉验证的方法可以避免过拟合和欠拟合，同时可以获得更稳定和客观的模型性能评价。

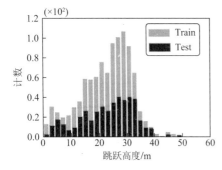

图 8-16　训练集和测试集跳跃高度统计直方图

8.3.6　算法选择和模型搭建

输电线路脱冰跳跃高度预测任务中，输入变量为输电线路结构参数和环境荷载参数，输出变量为脱冰后跳跃高度，属于监督学习中的回归任务。常用的监督学习回归问题算法（SVM、随机森林、XGBoost）

在第 8.1 节已有介绍，我们将这三种算法应用于该任务，进行学习和预测。

首先，在搭建机器学习模型前，请确保已经安装了必要的库，包括 pandas、numpy、sklearn、xgboost 和 matplotlib 等。前文提到，sklearn 提供了许多简单易用的接口来构建和评估各种机器学习模型，我们可以用它方便快捷地搭建机器学习模型。具体地，在第 8.3.7 节中，我们将介绍如何使用 sklearn 搭建不同种类的机器学习模型，并将其应用于输电线路脱冰跳跃高度预测任务。

8.3.7　超参数优化和模型评估

在第 1.2.6 节中，我们介绍了超参数优化的方法，包括网格搜索（Grid Search）和随机搜索（Random Search）。这些方法可以使用 sklearn 库中的 GridSearchCV 和 RandomizedSearchCV 来实现。在本节中，我们将采用随机搜索的方法进行超参数调优，使用十折交叉验证（10-Fold Cross-validation）得到的均方误差（MSE）值作为模型评价指标。我们将进行 100 次迭代，以获得更全面的超参数优化结果。

以下将分别基于 Python 搭建用于输电线路脱冰跳跃高度预测任务的 SVM、随机森林和 XGBoost 三种机器学习代码，并分别对每个模型进行超参数优化，获得最佳模型，并对各个模型进行评估。

（1）SVM

选择优化的 SVM 回归算法超参数包括：C、kernel、gamma、epsilon。这些超参数的含义及优化范围如表 8-5 所示。

SVM 超参数　　　　　　　　　　　　　　表 8-5

超参数	含义	默认值	优化范围
C	惩罚系数，用来平衡模型复杂度和错误程度的参数	1	0.1～100
kernel	核函数	'rbf'	'linear', 'poly', 'rbf', 'sigmoid'
degree	控制多项式核函数的阶数	3	1～7
epsilon	定义了回归误差的边界	1	0.1～1

以下是一段示例代码，用于搭建 SVM 机器学习模型并进行输电线路脱冰跳跃高度预测任务：

```
import numpy as np
import pandas as pd
from sklearn.svm import SVR
from sklearn.model_selection import train_test_split
from sklearn.model_selection import cross_val_score,
from sklearn.model_selection import GridSearchCV, RandomizedSearchCV
from sklearn.metrics import mean_squared_error, r2_score, mean_absolute_error
from sklearn.preprocessing import MinMaxScaler
import matplotlib.pyplot as plt
def read_data(path):
    dataset = pd.read_csv(path, encoding='utf-8')
    data = dataset.iloc[:, 0:9]
    data = pd.get_dummies(data)
    target = dataset.iloc[:, 9]
    train_X, test_X, train_y, test_y = train_test_split(
                        data, target, test_size=0.3, random_state=7)
    return train_X, test_X, train_y, test_y
model = SVR()
path = "data.csv"
```

Python 在结构动力计算中的应用

```
train_X, test_X, train_y, test_y=read_data(path)
params = {
    'C': [0.1, 0.5, 1, 2.5, 5, 7.5, 10, 25, 50, 75, 100, 250, 500, 750, 1000],
    'epsilon': [0.1, 0.2, 0.3, 0.4, 0.5, 0.6, 0.7, 0.8, 0.9, 1.0],
    'kernel': ['linear', 'poly', 'rbf', 'sigmoid'],
    'degree': [1, 2, 3, 4, 5, 6, 7],
}
# 随机搜索迭代100轮调优
random_search = RandomizedSearchCV(
model, params, cv=10, scoring='neg_mean_squared_error', n_iter=100, n_jobs=-1)
random_search.fit(train_X, train_y)
# 获取最佳超参数组合和对应的模型权重系数
best_params = random_search.best_params_
best_estimator = random_search.best_estimator_
# 输出最佳超参数组合
print(best_params)
pred_y = best_estimator.predict(test_X)
# 性能评估
mse = mean_squared_error(test_y, pred_y)
r2 = r2_score(test_y, pred_y)
mae = mean_absolute_error(test_y, pred_y)
print('预测MSE值为: ', mse)
print('预测R^2值为: ', r2)
print('预测MAE值为: ', mae)
results = np.stack([test_y, pred_y])
# 输出预测结果
np.savetxt('svm_pred_results.csv', results, delimiter=',')
# 绘制结果
plt.figure(figsize=(10, 10), dpi=600)
plt.scatter(test_y, pred_y)
plt.show()
```

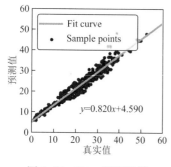

图 8-17 SVM 预测结果

调优后的 SVM 超参数组合为：{'kernel': 'poly', 'epsilon': 0.1, 'degree': 3, 'C': 0.1}

在预测集上的表现结果如图 8-17 所示，预测得到的均方误差MSE值为 0.00284，MAE值为 0.0435，决定系数R^2值为 0.923。

（2）随机森林

选择优化的随机森林回归算法超参数包括：n_estimators、max_depth、min_samples_split、min_samples_leaf。这些超参数的含义及优化范围如表 8-6 所示。

随机森林超参数   表 8-6

超参数	含义	默认值	优化范围
n_estimators	决策树的数量	100	100~500
max_depth	决策树的最大深度	None	3~11
min_samples_split	进行分裂所需的最小样本数	2	2~10
min_samples_leaf	叶子节点所需的最小样本数	1	1~10

以下是一段示例代码,用于搭建随机森林模型并进行输电线路脱冰跳跃高度预测任务：

```
import numpy as np
import pandas as pd
```

```
from sklearn.ensemble import RandomForestRegressor
from sklearn.model_selection import train_test_split
from sklearn.model_selection import cross_val_score
from sklearn.model_selection import GridSearchCV, RandomizedSearchCV
from sklearn.metrics import mean_squared_error, r2_score, mean_absolute_error
from sklearn.preprocessing import MinMaxScaler
import matplotlib.pyplot as plt
def read_data(path):
    dataset = pd.read_csv(path, encoding='utf-8')
    data = dataset.iloc[:, 0:9]
    data = pd.get_dummies(data)
    target = dataset.iloc[:, 9]
    train_X, test_X, train_y, test_y = train_test_split(
                       data, target, test_size=0.3, random_state=7)
    return train_X, test_X, train_y, test_y
model = RandomForestRegressor()
path = "data.csv"
train_X, test_X, train_y, test_y = read_data(path)
params = {
    'n_estimators': [100, 200, 300, 400, 500],
    'max_depth': [3, 5, 7, 9, 11],
    'min_samples_split': [2, 3, 4, 5, 6, 7, 8, 9, 10],
    'min_samples_leaf': [1, 2, 3, 4, 5, 6, 7, 8, 9, 10],}
# 随机搜索迭代 100 轮调优
random_search = RandomizedSearchCV(
model, params, cv=10, scoring='neg_mean_squared_error', n_iter=100, n_jobs=-1)
random_search.fit(train_X, train_y)
# 获取最佳超参数组合和对应的模型权重系数
best_params = random_search.best_params_
best_estimator = random_search.best_estimator_
# 输出最佳超参数组合
print(best_params)
pred_y = best_estimator.predict(test_X)
# 性能评估
mse = mean_squared_error(test_y, pred_y)
r2 = r2_score(test_y, pred_y)
mae = mean_absolute_error(test_y, pred_y)
print('预测 MSE 值为: ',mse)
print('预测 R2 值为: ',r2)
print('预测 MAE 值为: ',mae)
results = np.stack([test_y, pred_y])
# 输出预测结果
np.savetxt('rf_pred_results.csv', results, delimiter=',')
# 绘制结果
plt.figure(figsize=(10, 10), dpi=600)
plt.scatter(test_y, pred_y)
plt.show()
```

调优后的随机森林超参数组合为：{'n_estimators': 400, 'min_samples_split': 4, 'min_samples_leaf': 2, 'max_depth': 11}。

在预测集上的表现结果如图 8-18 所示，预测得到的均方误差MSE值为 0.000748，MAE值为 0.0182，决定系数R^2值为 0.979。

（3）XGBoost

XGBoost 具有许多超参数，选择较为关键的超参数包括：n_estimators、learning_rate、max_depth、colsample_bytree、

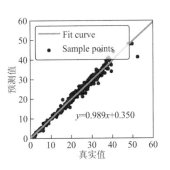

图 8-18　随机森林预测结果

subsample 和 min_child_weight。各超参数的含义及优化范围如表 8-7 所示。

XGBoost 超参数   表 8-7

超参数	含义	默认值	优化范围
n_estimators	使用多少棵树来拟合	100	100~500
learning_rate	学习率	0.3	0.01~0.1
max_depth	每棵树的最大深度	6	1~7
colsample_bytree	每次拟合一棵树之前，决定使用多少个特征	1	0.2~1
subsample	训练集抽样比例	1	0.2~0.6
min_child_weight	叶子节点最小样本数	1	1~7

以下为搭建机器学习模型 XGBoost 并用于输电线路脱冰跳跃高度预测任务的示例型代码：

```python
import numpy as np
import pandas as pd
from sklearn.model_selection import train_test_split
import xgboost as xgb
from sklearn.model_selection import cross_val_score
from sklearn.model_selection import GridSearchCV, RandomizedSearchCV
from sklearn.metrics import mean_squared_error, r2_score, mean_absolute_error
from sklearn.preprocessing import MinMaxScaler
import matplotlib.pyplot as plt
def read_data(path):
    dataset = pd.read_csv(path, encoding='utf-8')
    data = dataset.iloc[:, 0:9]
    data = pd.get_dummies(data)
    target = dataset.iloc[:, 9]
    train_X, test_X, train_y, test_y = train_test_split(
                        data, target, test_size=0.3, random_state=7)
    return train_X, test_X, train_y, test_y
model = xgb.XGBRegressor(verbosity=0)
path = "data.csv"
train_X, test_X, train_y, test_y=read_data(path)
params = {
    'n_estimators': [100, 150, 200, 250, 300, 350, 400, 450, 500],
    'learning_rate': [0.01, 0.02, 0.03, 0.04, 0.05, 0.06, 0.07, 0.08, 0.09, 0.1],
    'max_depth': [1, 2, 3, 4, 5, 6, 7],
    'colsample_bytree': [0.2, 0.3, 0.4, 0.5, 0.6, 0.7, 0.8, 1],
    'subsample': [0.2, 0.3, 0.4, 0.5, 0.6],
    'min_child_weight': [1, 3, 5, 7]
}
# 随机搜索迭代100轮调优
random_search = RandomizedSearchCV(
model, params, cv-10, scoring='neg_mean_squared_error', n_iter=100, n_jobs=-1)
random_search.fit(train_X, train_y)
# 获取最佳超参数组合和对应的模型权重系数
best_params = random_search.best_params_
best_estimator = random_search.best_estimator_
# 输出最佳超参数组合
print(best_params)
pred_y = best_estimator.predict(test_X)
```

```
# 性能评估
mse = mean_squared_error(test_y, pred_y)
r2 = r2_score(test_y, pred_y)
mae = mean_absolute_error(test_y, pred_y)
print('预测 MSE 值为: ', mse)
print('预测 R^2 值为: ', r2)
print('预测 MAE 值为: ', mae)
results = np.stack([test_y, pred_y])
# 输出预测结果
np.savetxt('pred_results.csv', results, delimiter=',')
# 绘制结果
plt.figure(figsize=(10, 10), dpi=600)
plt.scatter(test_y, pred_y)
plt.show()
```

调优后的 XGBoost 超参数组合值为: {'subsample': 0.3, 'n_estimators': 350, 'min_child_weight': 7, 'max_depth': 6, 'learning_rate': 0.08, 'colsample_bytree': 1}

在预测集上的表现结果如图 8-19 所示，预测得到的均方误差MSE值为 0.0008，平均绝对误差MAE值为 0.0172，决定系数R^2值为 0.978。

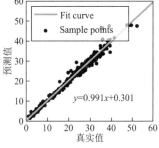

图 8-19　XGBoost 预测结果

总的来说，这三种模型在预测输电线路脱冰后跳跃高度时均有较好的表现，随机森林和 XGBoost 的在该数据集上的预测性能优于 SVM。

8.4　基于深度学习的桥梁结构地震响应预测

8.4.1　研究背景及意义

桥梁是交通系统中重要的组成部分,其在地震中的安全性对保障生命财产安全具有重要意义。然而,地震的复杂性和不确定性使得桥梁结构的抗震性能成为一个具有挑战性的问题。传统的试验方法存在着耗时长、成本高的缺点。有限元方法可以对大型和复杂的桥梁结构进行模拟,但对于一些实时的抗震需求,有限元方法可能无法满足时间上的要求。因此,寻求一种更加精确和可靠的地震响应预测方法对于桥梁结构的抗震设计具有重要意义。

基于深度学习的桥梁结构地震响应预测方法,可以处理大量的、复杂的、非线性的地震数据,并且能够从数据中自动学习出地震响应的影响因素和规律。这种方法不仅可以提高地震响应预测的精度,还可以为桥梁结构的安全性评估和抗震性能评价提供重要的参考依据。

8.4.2　收集数据和数据集建立

由于缺乏桥梁结构在强震下的响应监测数据,因此采用数值模拟方法获取数据并建立数据集。使用桥梁有限元分析软件 Midas/civil 建立一矮塔斜拉桥作为研究对象 (图 8-20),该桥采用双索面双塔扇形索布置,主桥采用塔梁固结、塔墩分离的结构体系,墩梁之间设置摩擦摆隔震支座,模型的其余细节在这里不做详细阐述。

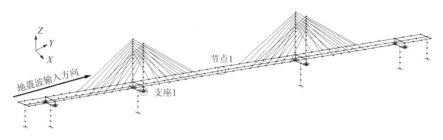

图 8-20　桥梁结构示意图

将地震动记录的峰值加速度（PGA）值统一设置为 0.5g，并沿纵桥向方向输入该桥，以获得地震作用下的时程响应。通过非线性有限元时程分析获得 123 条数据并将地震动记录和时程响应数据进行匹配并生成数据集（以下称为"桥梁数据集"）。其中，地震动来源为斯坦福地震动数据集（STanford EArthquake Dataset，STEAD）。在该数据集中，地震动记录采集点数和采集频率分别被标准化为 6000 和 100Hz，因此不需要对各条地震波进行维度统一即可用于深度学习。

桥梁数据集中输入/输出变量均为时间序列。其中，输入变量为地震动记录，输出变量为桥梁结构动力响应（包括图 8-20 中所示节点 1 处位移时程响应及支座滞回曲线）。

8.4.3　数据分析和数据预处理

为了加速地震动和桥梁结构动力响应预测模型的训练收敛速度并提高训练速度，我们对桥梁数据集中输入和输出变量进行最大最小归一化处理，以解决量纲差异和数量级差异问题。图 8-21 为桥梁数据集中 123 条地震动记录的加速度反应谱和均值谱。

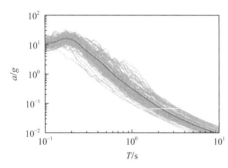

8.4.4　数据集划分

我们使用留出法将数据集划分为训练集、验证集和测试集，比例为 80：20：23。接下来，我们将利用训练集对深度学习模型进行训练，并使用验证集来调整模型参数，以优化模型的性能。最后，我们将在测试集上评估模型的最终性能。

图 8-21　地震动记录加速度反应谱

8.4.5　算法选择和模型搭建

时序问题是一种具有时间依赖性的数据分析和预测问题。在时序问题中，预测结果是根据历史数据的时间顺序进行预测的。桥梁结构在地震下的响应预测问题是具有时间依赖性的，可以被视为一种时序问题。近年来，随着深度学习技术的不断发展，越来越多的深度学习模型被应用于时序问题的解决中，例如：长短期记忆（LSTM）、门控循环单元（GRU）、Transformer 等。

我们选择近年来备受瞩目的 Transformer 模型，使用 Pytorch 框架来搭建模型并预测桥梁结构在地震中的响应。模型的搭建参考并借鉴了徐永嘉博士开源的 Transformer 模型代码及网络上提供的代码，在此表示感谢。为了让读者能够轻松地使用我们的模型和数据集，我们提供了详细的代码，读者可以在 Github 仓库中下载使用。

8.4.6　模型训练和模型评估

在训练深度学习模型之前，首先要定义模型的损失函数，在这里我们选择MSE作为
Transformer 模型的损失函数。其次要选择深度学习优化器。优化器的作用主要是更新和计
算影响模型训练和模型输出的网络参数，使其逼近或达到最优值，从而最小化损失函数。
具体来说，优化器在每次迭代中根据损失函数的导数（或者梯度）来更新网络参数，以逐
步降低损失函数的值，最终达到一个最优解。不同的优化器有不同的优化策略和特点，以
下是几个常用的优化器：

1）随机梯度下降（SGD）

SGD 是最常用的优化器之一，它通过随机选择一小批训练数据，并在每次迭代中使用
它们来更新模型参数。

2）批量梯度下降（BGD）

在每次迭代时使用整个训练集来更新模型参数，这使得计算效率更高，但可能需要更
多的内存。

3）Adam

Adam 优化器是一种自适应优化算法，它结合了 RMSProp 和 Momentum 两种优化算法
的思想，Adam 优化器在很多实际问题中表现良好。

总的来说，由于 Adam 在解决许多实际问题时表现出优秀的性能，在大多数情况下，
可以首选它作为深度学习模型优化器。因此，选择 Adam 作为 Transformer 模型优化器。

（1）位移时程响应预测

首先对节点 1 处位移时程响应数据进行训练并预测。在训练 Transformer 模型时，使用
Adam 优化器来最小化损失函数并设置训练轮数
为 2000 轮，并使用这些步骤中学习到的参数来
预测新数据。图 8-22 为 Transformer 模型的训练
过程，横轴代表训练轮数，纵轴代表模型的损失
值。可看出在前 250 轮训练集和验证集的损失值
快速下降，之后缓慢下降并基本保持不变，在
2000 轮时模型训练基本收敛。最终，得到
Transformer 在训练集和验证集的最小损失值分
别为 1.16×10^{-3} 和 1.04×10^{-3}。

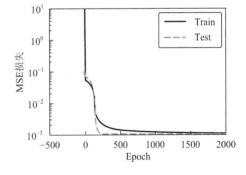

图 8-22　Transformer 训练过程

我们使用已经训练好的 Transformer 模型来
预测节点 1 的位移响应结果。测试集中包含 23 条数据。将预测结果与有限元值进行比
较，并计算它们之间的均方误差（MSE）损失值。在测试集上，Transformer 模型的MSE
损失值为 1.18×10^{-3}。在测试集中任选两条地震动记录利用 Transformer 进行预测，结果
如图 8-23 和图 8-24 所示（其中，FEM 曲线为有限元计算时程曲线，Pred 曲线为预测时
程曲线）。从图中我们可以看到，预测时程曲线和有限元计算时程曲线重合度较高，表明
Transformer 能学习到地震动与桥梁结构响应之间的非线性关系，并在未知地震动下做出
较好的预测。

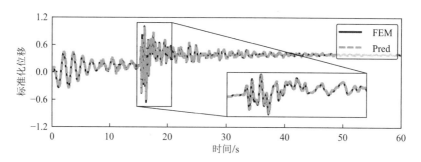

图 8-23 位移时程预测曲线（样本一）

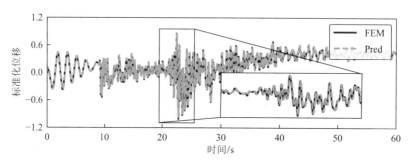

图 8-24 位移时程预测曲线（样本二）

为了更清晰的对比 Transformer 预测效果，将图 8-23 和图 8-24 连续的时程曲线结果离散为样本点，结果如图 8-25 和图 8-26 所示。在图中，"$T = P$" 曲线表示预测值 = 有限元值，样本点越靠近该曲线，表明预测误差越小。从图中我们可看出大多数样本点落在 "$T = P$" 曲线附近，决定系数 R^2 分别为 0.97 和 0.95，并且拟合曲线与 "$T = P$" 曲线接近，表明 Transformer 模型拟合效果较好。

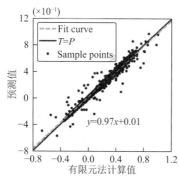 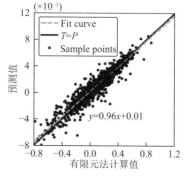

图 8-25 位移时程预测结果（样本一）　图 8-26 位移时程预测结果（样本二）

（2）滞回曲线预测

在预测地震作用下的支座滞回曲线数据时，需要分别对支座的位移时程响应和恢复力时程响应两个尺度进行训练和预测，这不同于仅预测位移响应的情况。训练 Transformer 模型的参数设定同仅预测位移响应的情况。图 8-27 和图 8-28 分别为 Transformer 模型对支座的位移时程响应和恢复力时程响应两个尺度进行训练的训练过程。可看出两者训练集和验证集的损失值均在前 250 轮左右快速下降，之后缓慢下降并基本保持不变，在 2000 轮时模型训练基本收敛。在支座位移时程响应训练过程中，Transformer 模型在训练集和验证集上得到了最小的损失值均为 2.22×10^{-3}。在支座恢复力时程响应训练过程中，得到训练集和验证集的最小损失值分别为 1.21×10^{-3} 和 1.08×10^{-3}。

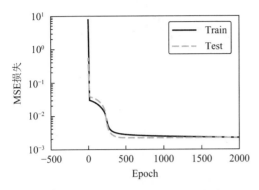 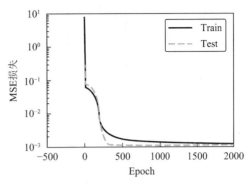

图 8-27 Transformer 训练过程（位移）　　图 8-28 Transformer 训练过程（恢复力）

使用已经训练好的 Transformer 模型，分别对支座的位移时程响应和恢复力时程响应进行预测。在测试集上，两者的均方误差（MSE）损失值分别为 1.86×10^{-3} 和 1.40×10^{-2}。

在测试集中任选两条地震动记录利用 Transformer 对支座位移时程响应进行预测，结果如图 8-29 和图 8-30 所示。采用与上文相同的处理方法，将连续的时程数据离散为样本点，结果如图 8-31 和图 8-32 所示。从图中可看出较多样本点落在"$T = P$"曲线附近，决定系数 R^2 分别为 0.87 和 0.86，并且拟合曲线与"$T = P$"曲线接近，表明 Transformer 模型拟合效果较好，能学习到地震动与支座位移时程响应之间的非线性关系。

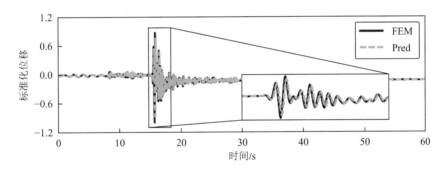

图 8-29 位移时程预测曲线（样本一）

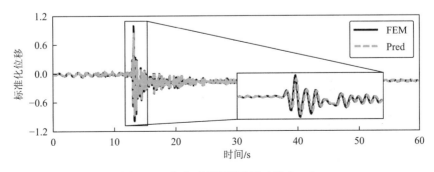

图 8-30 位移时程预测曲线（样本二）

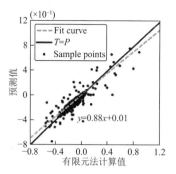 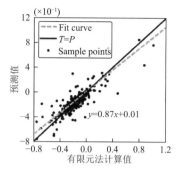

图 8-31　位移时程预测结果（样本一）　图 8-32　位移时程预测结果（样本二）

　　同样地，在测试集中任选两条地震动记录利用 Transformer 对支座恢复力时程响应进行预测，结果如图 8-33 和图 8-34 所示。离散为样本点后的结果如图 8-35 和图 8-36 所示。从图中可看出较多样本点落在"$T = P$"曲线附近，决定系数R^2分别为 0.74 和 0.73，尽管预测效果略逊于对支座位移时程响应的预测效果，但总体上可以看出 Transformer 模型具有较好的拟合效果，能够学习到地震动与支座恢复力时程响应之间的非线性关系。

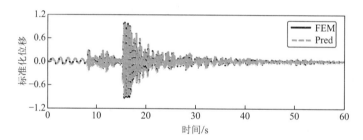

图 8-33　恢复力时程预测曲线（样本一）

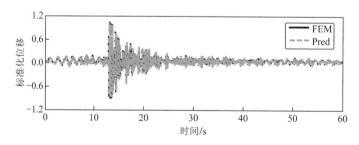

图 8-34　恢复力时程预测曲线（样本二）

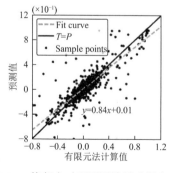 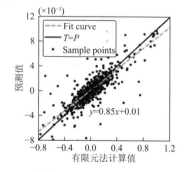

图 8-35　恢复力时程预测结果（样本一）　图 8-36　恢复力时程预测结果（样本二）

　　最终，将预测得到的位移时程响应和恢复力时程响应数据整合绘制得到 Transformer 模型预测滞回曲线，并与有限元软件计算得到的结果对比如图 8-37 和图 8-38 所示。可看出 Transformer 模型具有较好的拟合效果，但在位移较大处存在一定误差，表明 Transformer 模型在这个位置拟合效果较差。读者可在此模型的基础上进一步改进并提升模型的预测性能。

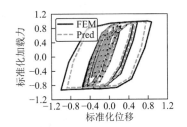 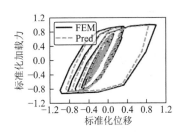

图 8-37　支座滞回曲线预测结果（样本一）　图 8-38　支座滞回曲线预测结果（样本二）

8.5　基于 CNN 的框架剪力墙结构层间位移角预测

8.5.1　研究背景及意义

　　高层建筑结构的地震响应分析对评估结构地震安全性、指导震后救灾工作等十分重要。当前的地震安全性评估所采用的普遍计算方法为有限元分析法，存在计算条件苛刻、计算耗时长等问题。例如使用增量动力方法进行一次结构易损性分析，通常需要在高性能计算机上消耗 100 多机时。

　　为了解决该问题，许多研究人员提出了使用神经网络预测地震响应的思路，来达到提高计算效率的目的。这种方法通常采用人工神经网络（ANN）或者长短时记忆神经网络（LSTM）进行实现，但是存在 ANN 的拟合精度低，LSTM 的训练耗时长等问题。为了提出一种训练方便、拟合精度高的方法，并探讨如何将地震波这一复杂的时程信息作为神经网络的输入进行处理，使用了卷积神经网络（CNN）对高层结构的地震响应预测进行了研究。

8.5.2　收集数据和数据集建立

　　采用一栋框架剪力墙结构作为算例，建筑地点在四川成都某地区，总层数为 21 层，其中地上 19 层，地下 2 层。结构高度为 64.800m，高度等级为 A 级，结构形式为框架剪力墙。场地类别为二类，基本地震加速度为 0.10g，抗震设防类别为丙类，设计地震分组为第三组。结构中框架部分抗震等级为二级，剪力墙抗震等级为二级。结构的前三阶周期与振动性质见表 8-8。建筑的 YJK 有限元模型见图 8-39。

结构周期与振型　　　　　　　　　　　　　　　　表 8-8

振型	周期/s	振动性质
1	1.7797	平动（长轴方向）
2	1.5349	平动（短轴方向）
3	1.4964	扭转

选取了 100 条地震动记录为数据集，其加速度反应谱如图 8-40 所示。可以看到，所选记录在 0~1s 周期内基本覆盖了 0~1g 的加速度。如图 8-41 所示，在震级和震中距方面，选取的地震动基本覆盖了震级为 4~8 级的地震，其中在 6.5 级附近，基本覆盖了所有的近场地震。

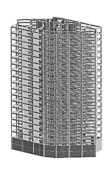

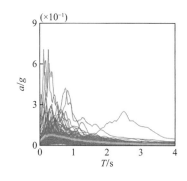

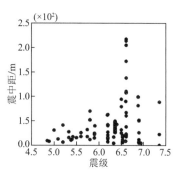

图 8-39　结构 YJK 有限元模型　　图 8-40　地震动加速度谱　　图 8-41　震级-震中距分布

8.5.3　数据预处理

（1）地震波处理

为了规范输入，首先通过插值法将地震动处理成采样频率为 50Hz 的波，再使用截断补零法将地震动长度规范化到 2000。这样，每一条地震动都被规范成频率 50Hz，长度 2000，持时 40s 的记录。之后，再用步长为 20 的窗口对上述记录进行提取，得到尺寸为 20×100 的二维张量，如图 8-42 所示。原本的一维卷积方法使用的一般是 3×1 的卷积核，一次性只能识别相邻时间的数据特征。但是采用二维卷积方法，卷积核不仅能提取到相邻的数据，还能提取到相隔 2s 和 4s 的数据，某些具有时间跨度的数据特征就有可能被提取到。因此，该处理可以让 CNN 更好地提取时间跨度长的地震动特征。

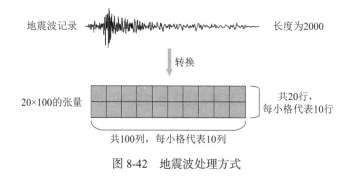

图 8-42　地震波处理方式

此外，选择了峰值地面加速度（PGA）作为输入地震动参数，以其为标准将地震动记录的振幅规范化到 35cm/s²。

（2）层间位移角处理

对于小震下的弹性时程分析，计算得到的层间位移角数量级通常在 10^3 以下，如果直接使用层间位移角进行训练，会造成收敛速度过慢，梯度变化过大等现象。为了解决这一问题，使用了最大最小归一化方法处理层间位移角。对于层间位移角数据 y，归一化后的数

据为 y'，可以表示为下式：

$$y' = \frac{y - \min(y)}{\max(y) - \min(y)}$$

因为层间位移角数据总是大于 0，故最大最小归一化可以将数据处理到区间[0,1]上，符合层间位移角数据的特征。

8.5.4 数据集划分

使用 YJK 软件进行了小震下的地震动弹性时程分析，计算得到每一层的最大层间位移角。将其中的任意 90 条记录作为训练集，其余 10 条作为测试集。

8.5.5 算法选择和模型搭建

选择了三种不同的网络模型：ANN、LSTM、CNN，使用 Pytorch 框架来搭建模型并预测框架剪力墙结构在地震中的响应。为了让读者能够轻松地使用我们的模型和数据集，详细的代码下载地址为：https://github.com/cyling250/DispAglPred。

8.5.6 模型训练和模型评估

（1）模型训练
通过对模型预训练后，确定了三个模型的训练超参数如表 8-9 所示。

超参数表 表 8-9

训练参数	ANN	LSTM	CNN
训练轮数	50	150	400
优化器	Adam	Adam	Adam
学习率	0.0001	10^{-6}，10^{-8}	10^{-7}，10^{-8}
损失函数	MSE	MSE	MSE
批大小	4	4	4

三种网络的训练过程基本一致，均采用梯度下降（Adam）算法进行网络训练，模型训练过程见图 8-43（其中，Train 曲线为训练结果，Test 曲线为测试结果）。

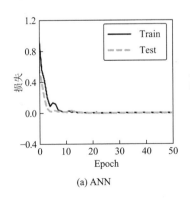
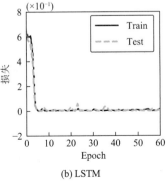
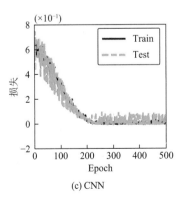

(a) ANN (b) LSTM (c) CNN

图 8-43　网络训练过程

如图 8-43（a）所示，从损失函数的变化过程可以看到，ANN 网络在 10 轮 epoch 后，loss 从 1 左右下降到 0.002 左右，下降了 3 个数量级，并且在训练集和测试集上，损失函数的下降过程收敛，这说明模型的训练很好，且目前没有出现过拟合。

为了控制 LSTM 模型的训练过程，采取分段训练的方式。如图 8-43（b）所示，最开始采用学习率为 10^{-6}，预计进行 50 轮训练，发现第 6 轮模型收敛。为了确保模型确实收敛，在前 50 轮训练之后，降低学习率为 10^{-8}，再进行 100 轮训练，发现模型确实收敛。保存损失函数最小的模型作为最终模型。此外，通过观察模型在训练集和测试集上的损失函数变化规律，发现两者变化规律基本一致，可以认为模型没有发生过拟合。

CNN 的训练过程如图 8-43（c）所示，首先采用 10^{-7} 的学习率进行训练，第 200 轮时，模型没有收敛，此时无论在训练集或者在测试集上，损失函数仍然在下降。再经过 100 轮之后，模型的损失函数不再下降，说明训练已经收敛。为了确保模型确实收敛，降低学习率为 10^{-8} 再继续训练，发现模型的损失函数仍然没有下降，说明模型确实收敛。保存前 300 轮模型损失函数最小的模型作为最终模型。

（2）模型评估

从训练集和测试集中各选取三条数据进行分析，其中 Northwest Calif-02、San Fernando、Tabas_Iran 为训练集地震波，Coalinga-03、Coalinga-06、Taiwan SMART1（25）为测试集地震波。

图 8-44（a）、（b）、（c）为训练集中针对不同地震波的层间位移角预测结果，图 8-44（d）、（e）、（f）为测试集中针对不同地震波的层间位移角预测结果。对比可以看到，ANN 在针对未知的地震波进行预测时出现了失误，这种情况是过拟合的一种，说明 ANN 性能存在不足。LSTM 与 CNN 在测试集和训练集上均表现良好。LSTM 在预测时相比于 CNN 具有更高的平滑性，且其精度相比与 CNN 没有较大区别。

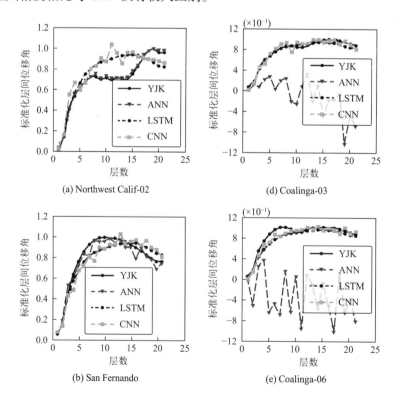

(a) Northwest Calif-02

(d) Coalinga-03

(b) San Fernando

(e) Coalinga-06

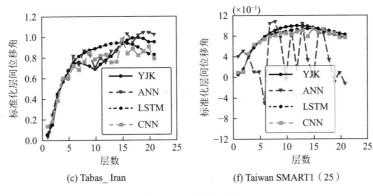

(c) Tabas_Iran　　　　　　　　(f) Taiwan SMART1（25）

图 8-44　预测结果

如表 8-10 所示，CNN 在训练集上的表现优于 ANN 且精确度与 LSTM 相近。这说明将地震波处理成图像的形式让神经网络学习，能够达到预期目的。在处理训练集中未知的地震波时，CNN 的预测体现出超过 LSTM 的精度，最低可达 0.29% 的预测误差，但没有 LSTM 稳定。无论是 CNN 还是 LSTM，均在训练集上表现出超过 ANN 的性能。

三种网络的最大预测误差　　　　　　　　　　　　　表 8-10

地震波	ANN	LSTM	CNN
Northwest Calif-02	−0.82%	5.33%	−5.32%
San Fernando	1.15%	5.31%	−3.64%
Tabas_Iran	−4.97%	5.33%	1.75%
Coalinga-03	68.35%	5.33%	−0.29%
Coalinga-06	64.49%	5.33%	−1.96%
Taiwan SMART1（25）	165.21%	5.33%	6.13%

CNN 相对于 LSTM 有一个比较明显的优点——训练速度快。在训练过程中，LSTM 的训练需要约 1 个小时才能达到收敛，而 CNN 只需要约 5 分钟即可收敛。综上所述，将地震动处理成二维后使用 CNN 进行预测，在精度和训练效率上均优于 ANN 与 LSTM。

附录一

本书编写的自定义 Python 函数（类）

函数（类）名	功能	备注	页码索引
LayerShear	层剪切模型类	类名	33
LayerShear.get_k	层剪切模型刚度矩阵构造函数	类的函数	33
LayerShear.get_p_delta	考虑几何非线性的层剪切模型P-Δ矩阵构造函数	类的函数	33
Beam6	六自由度梁单元类	类名	36
Beam6.get_length	获取梁单元长度	类的函数	37
Beam6.get_loca_k	获取梁单元局部刚度矩阵	类的函数	37
Beam6.get_loca_m_	获取梁单元局部坐标下的一致质量矩阵	类的函数	37
Beam6.get_transpose	计算梁单元的坐标变换矩阵	类的函数	37
Structure	结构类	类名	38
Structure.add_element	为结构添加实体单元	类的函数	38
Structure.add_restrain	为结构添加约束条件	类的函数	38
Structure.get_K_C	组装整体刚度矩阵和整体质量矩阵	类的函数	38
Structure.get_C	组装整体阻尼矩阵	类的函数	38
rayleigh	Rayleigh 阻尼计算函数		41
caughey	Caughey 阻尼计算函数		42
damping_nonclassical	非比例阻尼计算函数		45
read_quake_wave	PEER 格式地震波读取函数		47
rayleigh_psi	Rayleigh 法		50
Rayleigh_ritz	Rayleigh-Ritz 法	调用了荷载相关 Ritz 向量	52
load_depended_ritz_vector	荷载相关 Ritz 向量计算		55
mat_iterate_base	矩阵迭代法基准模态计算		57
mat_iterate_high	矩阵迭代法高阶模态计算		57
mat_iterate_highest	矩阵迭代法最高阶模态计算		58
subspace_iterateion	子空间迭代法		60
lanczos	Lanczos 方法		62
dunkerley	Dunkerley 方法		63
jacobi	Jacobi 迭代法		65
fourier	傅里叶变换法		69
modal_superposition	振型分解法计算程序		72
comples_modal_superposition	多自由度复模态振型分解法		76
pse_spectrum	伪加速度反应谱计算函数		82
abs_spectrum	绝对加速度反应谱计算函数		82

续表

函数（类）名	功能	备注	页码索引
design_spectrum	依据抗震规范的设计谱		87
srss	SRSS 振型组合法		88
cqc	CQC 振型组合法		89
modal_mass	振型参与质量系数		89
modal_response_spectrum	振型分解反应谱法		90
duhamel_parse	解析法 Duhamel 积分	内部定义了被积函数 func	93
duhamel_numerical	数值法 Duhamel 积分		93
segmented_parsing	分段解析法计算程序		96
center_difference_multiple	多自由度中心差分法		99
newmark_beta_multiple	多自由度 Newmark-β法		103
wilson-theta-multiple	多自由度 Wilson-θ法		107
Bilinear2	双折线模型类		118
Bilinear3	三折线模型类		118
Boucwen	Bouc-Wen 模型类		121
bili_mdof	双折线模型多自由度处理函数		124
bouc_mdof	Bouc-Wen 模型 多自由度处理函数		124
newmark_bili	使用双折线模型的 Newmark-β法		126
Macro1	ABAQUS 宏示例函数		138
Beam1	ABAQUS 创建梁单元函数		138
CNN	CNN 模型类		155
LSTM	LSTM 模型类		156
read_data	数据读取函数		170
wave_figure	地震波图像绘制		—
response_figure	地震响应图像绘制		—
spectrum_figure	地震反应谱图像绘制		—
common	常规图像绘制		—

附录二

本书使用的 Python 符号与保留字

名称	功能	名称	功能
+	加	−	减
*	乘	/	除
**	乘方	@	矩阵/数组乘法，函数修饰符
//	整除	%	取模
==	等于	>	大于
<	小于	>=	大于等于
<=	小于等于		
=	赋值	+=	加法赋值
-=	减法赋值	*=	乘法赋值
/=	除法赋值	%=	取模赋值
//=	整除赋值	**=	乘方赋值
.	层级调用	#	注释
"""	多行注释	"	双引号
'	单引号	\	转义符
:	代码块标识	,	分隔符
[]	列表，取值	()	元组，函数参数表
{}	字典		
and	逻辑与	as	类型转换
break	中断循环	class	定义类
continue	执行下一次循环	def	定义函数或方法
del	删除变量	elif	条件语句，结合 if、else 使用
else	条件语句，结合 if 使用	None	特殊数据类型，与其他非 None 数据相比永远返回 False
for	循环	from	用于导入模块
global	定义全局变量	if	条件语句
import	用于导入模块	in	判断是否在枚举对象中
is	判断是否为某个类的实例	lambda	定义匿名变量
not	逻辑非	or	逻辑或
pass	空的类或函数，占位符	True	布尔类型，真
return	返回函数计算结果	try	异常控制
while	循环	with	控制资源释放，简化的语句
nonlocal	用于封装函数中访问外界变量	False	布尔类型，非

本书使用的 Python 内置函数或第三方库函数

函数名	作用	首次出现页码
内置函数		
print	打印	8
complex	创建复数	8
type	获取元素类型	8
range	创建整数枚举对象	11
len	求枚举对象的第一个维度的长度	33
readlines	读取文件的所有行	48
re.findall	re 库中的函数，正则表达式	48
numpy 库函数		
zeros	创建 0 数组	13
ones	创建 1 数组	13
empty	创建未初始化数组	13
arrange	创建具有范围的数组	13
linespace	创建具有范围的数组	13
random	创建随机数组	13
reshape	形状操作	14
set_printoptions	设置打印格式	14
array	从枚举对象创建数组	14
abs	计算数组各元素绝对值	15
sqrt	计算数组各元素平方根	15
square	计算数据各元素平方	15
exp	计算数组各元素以 e 为底的幂	15
cos、sin、cosh、sinh	计算数组各元素的三角函数	15
pi	常量，圆周率	15
add	两数组对应元素相加	15
substract	两数组对应元素相减	15
matrix	将数组转换为矩阵类型	16
linalg.det	计算矩阵行列式	16
T	矩阵的转置	16
matmul	计算矩阵乘法	16
linalg.inv	计算矩阵的逆	16
linalg.pinv	计算矩阵广义逆	16
linalg.eig	计算矩阵特征值与特征向量	16
random.normal	生成符合正态分布的数组	17
meshgrid	网格化 x，y 坐标值	18

续表

函数名	作用	首次出现页码
diag	创建对角矩阵	33
sum	求数组所有元素的和	33
hstack	数组拼接	46
real	求复数数组的实部	47
sort	将数组按照升序排列	47
fft.fft	快速傅里叶变换	69
fft.ifft	快速傅里叶逆变换	70
matplotlib 库函数		
plt	导入的 pyplot 包的通用别名	17
plot	绘制曲（折）线图	17
xlim	设置横坐标	17
ylim	设置纵坐标	17
xlabel	设置横轴标签	17
ylabel	设置纵轴标签	17
title	设置标题	17
show	绘制并刷新图像	17
hist	绘制直方图	17
axes	生成画布	18
scatter3D	绘制 3D 散点图	18
plot_surface	绘制 3D 表面	18
scipy 库函数		
det	计算矩阵的行列式	20
inv	计算矩阵的逆	20
fft	快速傅里叶变换	20
sympy 库函数		
Symbol	创建符号变量	21
solve	解方程	21
summation	数列求和	21
limit	求极限	22
diff	求导	22
integrate	求积分	22

备注：因为 TensorFlow 库与 PyTorch 库函数形式多样，解释复杂，故不在此给出。

参考文献

[1] 刘晶波, 杜修力. 结构动力学[M]. 2 版. 北京: 机械工业出版社, 2021.

[2] 党育, 韩建平, 杜永峰. 结构动力分析的 MATLAB 实现[M]. 北京: 科学出版社, 2014.

[3] 徐赵东, 郭迎庆. MATLAB 语言在建筑抗震工程中的应用[M]. 北京: 科学出版社, 2014.

[4] 徐荣桥. 结构分析的有限元法与 MATLAB 程序设计[M]. 北京: 人民交通出版社, 2005.

[5] 谢旭. 桥梁结构地震响应分析与抗震设计[M]. 北京: 人民交通出版社, 2006.

[6] 张新培. 钢筋混凝土抗震结构非线性分析[M]. 北京: 科学出版社, 2003.

[7] 欧进萍, 王光远. 结构随机振动[M]. 北京: 高等教育出版社, 1998.

[8] 崔济东, 沈雪龙, 杨明灿. 结构地震反应分析编程与软件应用[M]. 北京: 中国建筑工业出版社, 2022.

[9] 曹金凤. Python 语言在 Abaqus 中的应用[M]. 北京: 机械工业出版社, 2011.

[10] KABIR M A B, HASAN A S, BILLAH A M. Failure mode identification of column base plate connection using data-driven machine learning techniques[J]. Engineering Structures, 2021, 240: 112389.

[11] MANGALATHU S, JANG H, HWANG S, et al. Data-driven machine-learning-based seismic failure mode identification of reinforced concrete shear walls[J]. Engineering Structures, 2020, 208: 110331.

[12] SUN H, BURTON H, WALLACE J. Reconstructing seismic response demands across multiple tall buildings using kernel-based machine learning methods[J]. Structural Control and Health Monitoring, 2019, 26(7): e2359.

[13] HWANG S, MANGALATHU S, SHIN J, et al. Machine learning-based approaches for seismic demand and collapse of ductile reinforced concrete building frames[J]. Journal of Building Engineering, 2021, 34: 101905.

[14] KAVEH A, DADRAS ESLAMLOU A, JAVADI S M, et al. Machine learning regression approaches for predicting the ultimate buckling load of variable-stiffness composite cylinders[J]. Acta Mechanica, 2021, 232(3): 921-931.

[15] FENG D, LIU Z, WANG X, et al. Failure mode classification and bearing capacity prediction for reinforced concrete columns based on ensemble machine learning algorithm[J]. Advanced Engineering Informatics, 2020, 45: 101126.

[16] NGUYEN M H, NGUYEN T, LY H. Ensemble XGBoost schemes for improved compressive strength prediction of UHPC[J]. Structures, 2023, 57: 105062.

[17] LONG X, GU X, LU C, et al. Prediction of the jump height of transmission lines after ice-shedding based on XGBoost and Bayesian optimization[J]. Cold Regions Science and Technology, 2023,

213: 103928.

[18] NASER M Z. AI-based cognitive framework for evaluating response of concrete structures in extreme conditions[J]. Engineering Applications of Artificial Intelligence, 2019, 81: 437-449.

[19] IKUMI T, GALEOTE E, PUJADAS P, et al. Neural network-aided prediction of post-cracking tensile strength of fibre-reinforced concrete[J]. Computers & Structures, 2021, 256: 106640.

[20] MORFIDIS K, KOSTINAKIS K. Seismic parameters' combinations for the optimum prediction of the damage state of R/C buildings using neural networks[J]. Advances in Engineering Software, 2017, 106: 1-16.

[21] ZHANG R, LIU Y, SUN H. Physics-guided convolutional neural network (PhyCNN) for data-driven seismic response modeling[J]. Engineering Structures, 2020, 215: 110704.

[22] HUANG P, CHEN Z. Deep learning for nonlinear seismic responses prediction of subway station[J]. Engineering Structures, 2021, 244: 112735.

[23] 古效朋, 龙晓鸿, 李宗霖, 等. 基于卷积神经网络的框架剪力墙结构层间位移角预测[J]. 土木工程与管理学报, 2023, 40(01): 92-97.

[24] GHAVAMIAN F, SIMONE A. Accelerating multiscale finite element simulations of history-dependent materials using a recurrent neural network[J]. Computer Methods in Applied Mechanics and Engineering, 2019, 357: 112594.

[25] 王浩. 基于集成学习和 LSTM 人工智能算法的混凝土徐变研究[D]. 北京交通大学, 2021.

[26] 冯怡爽, 何霁, 韩国丰, 等. 金属板材塑性本构关系的深度学习预测方法及建模[J]. 塑性工程学报, 2021, 28(06): 34-46.

[27] XU Y, LU X, FEI Y, et al. Hysteretic behavior simulation based on pyramid neural network: Principle, network architecture, case study and explanation[J]. Advances in Structural Engineering, 2023: 806580162.